环保公益性行业科研专项经费系列丛书

农用地土壤环境质量评估与分区管理研究

单艳红　应蓉蓉　李志涛　等 著

中国环境出版集团·北京

图书在版编目（CIP）数据

农用地土壤环境质量评估与分区管理研究 / 单艳红等著. —北京：中国环境出版集团，2021.12

ISBN 978-7-5111-4584-0

Ⅰ.①农… Ⅱ.①单… Ⅲ.①农业用地—土壤环境—环境质量评价—研究—中国 Ⅳ.①X833

中国版本图书馆 CIP 数据核字（2021）第 261717 号

出 版 人 武德凯
责任编辑 赵 艳
责任校对 任 丽
封面设计 岳 帅

出版发行 中国环境出版集团
（100062 北京市东城区广渠门内大街 16 号）
网 址：http：//www.cesp.com.cn
电子邮箱：bjgl@cesp.com.cn
联系电话：010-67112765（编辑管理部）
发行热线：010-67125803，010-67113405（传真）
印 刷 北京中科印刷有限公司
经 销 各地新华书店
版 次 2021 年 12 月第 1 版
印 次 2021 年 12 月第 1 次印刷
开 本 787×1092 1/16
印 张 10.25
字 数 230 千字
定 价 68.00 元

环保公益性行业科研专项经费系列丛书
编著委员会

《农用地土壤环境质量评估与分区管理研究》编写组

顾　问： 林玉锁

编　委：

单艳红　应蓉蓉　李志涛　万小铭　黄　标

吴运金　周　艳　王夏晖　孔令雅　冯艳红

周小勇　赵永存　王国庆　华小梅　季国华

张晓雨　杨　军　尹爱经　胡文友　芦园园

刘瑞平　赵彩衣　宋志晓　王燕文　符明明

赵　欣　孟玲珑　季文兵　曹伍刚　张　曦

乔鹏炜　吴　洋　杨兰钦　田　康

环保公益性行业科研专项经费系列丛书
序　言

目前，全球性和区域性环境问题不断加剧，已经成为限制各国经济社会发展的主要因素，解决环境问题的需求十分迫切。环境问题也是我国经济社会发展面临的困难之一，特别是在我国快速工业化、城镇化进程中，这个问题变得更加突出。党中央、国务院高度重视环境保护工作，积极推动我国生态文明建设进程。党的十八大以来，按照“五位一体”总体布局、“四个全面”战略布局以及“五大发展”理念，党中央、国务院把生态文明建设和环境保护摆在更加重要的战略地位，先后出台了《环境保护法（2014 年修订）》《关于加快推进生态文明建设的意见》《生态文明体制改革总体方案》《大气污染防治行动计划》《水污染防治行动计划》《土壤污染防治行动计划》等一批法律法规和政策文件，我国环境治理力度前所未有，环境保护工作和生态文明建设的进程明显加快，环境质量有改善。

在党中央、国务院的坚强领导下，环境问题全社会共治的局面正在逐步形成，环境管理正在走向系统化、科学化、法治化、精细化和信息化。科技是解决环境问题的利器，科技创新和科技进步是提升环境管理系统化、科学化、法治化、精细化和信息化水平的基础，必须加快建立持续改善环境质量的科技支撑体系，加快建立科学有效防控人群健康和环境风险的科技基础体系，建立开拓进取、充满活力的环保科技创新体系。

“十一五”以来，中央财政加大对环保科技的投入，先后启动实施水体污染控制与治理科技重大专项、清洁空气研究计划、蓝天科技工程专项等专项，同时设立了环保公益性行业科研专项。根据财政部、科技部的总体部署，环保公益性行业科研专项紧密围绕《国家中长期科学和技术发展规划纲要（2006—2020 年）》《国家创新驱动发展战略纲要》《“十三五”国家科技创新规划》和《国家环境保护“十二五”科技发展规划》，立足环境管理中的科技需求，积极开展应急性、培育性、基础性科学研究。“十一五”以来，生态环境部组织实施了公益性行业科研专项 479 项，涉及大气、水、生态、土壤、固体废物、化学品、核与辐射等领域，共有包括中央级科研院所、高等院校、地方环保科研单位和企业等在内的几百家单位参与，逐步形成了优势互补、团结协作、良性竞争、共同发展的环保科技“统一战线”。目前，专项取得了重要研究成果，已验收的项目中，共提交各类标准、技术规范 997 项，各类政策建议与咨询报告 535 项，授权专利 519 项，出版专著 300 余部，专项研究成果在各级环保部门中得到较好的应用，为解决我国环境问题和提升环境管理水平提供了重要的科技支撑。

为广泛共享环保公益性行业科研专项研究成果，及时总结项目组织管理经验，生态环境部科技标准司组织出版“环保公益性行业科研专项经费系列丛书”。该丛书汇集了一批专项研究的代表性成果，具有较强的学术性和实用性，是环境领域不可多得的资料文献。丛书的组织出版，在科技管理上也是一次很好的尝试，我们希望通过这一尝试，能够进一步活跃环保科技的学术氛围，促进科技成果的转化与应用，不断提高环境治理能力现代化水平，为持续改善我国环境质量提供强有力的科技支撑。

中华人民共和国生态环境部部长

黄润秋

序

我国土地利用类型多样，以农用地为主，包括耕地、园地、林地和牧草地，占已利用土地的67%以上。农用地土壤环境质量事关广大人民群众“菜篮子”“米袋子”和“水缸子”安全，是重大的民生问题。一方面，我国人口众多，人均耕地本来就低于世界平均水平，近20多年来的工业化、城市化发展和人口持续增长，使得中国人均耕地面积由2004年的1.58亩减少到2014年的1.38亩，仅为世界平均水平的40%，土地资源在数量上的稀缺性更加凸显；另一方面，工业化、城市化和农业集约化快速发展使我国土壤环境质量面临前所未有的挑战，各类污染物向土壤投入的途径、方式多样化，污染程度亦呈加大之势，如化肥、农药的过量投入，大量工业固体废物、城市垃圾的最终集散，污水灌溉，突发性环境污染事故中有毒有害物质的大量倾泄，导致土壤环境质量的下降，各类土壤环境问题日益凸现，成为影响社会稳定的重要因素。从未来土壤环境保护形势来看，土地资源紧缺、人口众多的基本国情不会改变，经济增长的资源环境约束仍将加剧，要保证我国农产品安全特别是粮食安全，保持农业的可持续发展和良性的生态环境，农用地土壤环境保护应放在生态环境保护的重要位置。

《国家环境保护“十二五”科技发展规划》围绕土壤污染防治领域的科技需求，战略性提出了“农村土壤环境管理与土壤污染环境风险管控技术研究”，并明确开展农用地土壤环境质量等级评估与安全性划分方法研究。国务院办公厅印发的《近期土壤环境保护和综合治理工作安排》（国办发〔2013〕7号）也明确了近期土壤环境保护的主要任务：“确定土壤环境保护优先区域……各省级人民政府要明确本行政区域内优先区域的范围和面积，并在土壤环境质量评估和污染源排查的基础上，划分土壤环境质量等级，建立相关数据库。”在此背景下，环保公益性行业科研专项“农用地土壤环境质量评估与等级划分及优先保护区域确定技术研究”（No.201409044）于2014年立项，由原环境保护部南京环境科学研究所牵头，联合原环境保护部环境规划院、中国科学院地理科学与资源研究所、中国科学院南京土壤研究所共同承担。项目组经过3年的研究，初步取得了一些成果，主要成果后经试用和进一步完善，支撑了后来的全国农用地土壤污染状况详查中的土壤环境评价，以及全国农用地土壤环境质量类别划分。本书在项目研究报告基础上编纂而成，基本保留了项目研究结束时的面貌。

全书共分8章，第1章农用地土壤环境质量的基本概念由单艳红、应蓉蓉、周艳、孔令雅、冯艳红撰写；第 2 章农用地土壤环境质量状况及其影响因素分析由万小铭、周小勇、杨军、王燕文、张曦、乔鹏炜、吴洋、单艳红撰写；第 3 章农用地土壤环境质量调查和布点方法研究由黄标、赵永存、胡文友、符明明、杨兰钦、田康撰写；第 4 章农用地土壤环境质量评估标准研究由应蓉蓉、单艳红、王国庆、华小梅、吴运金、孔令雅、尹爱经、赵欣、赵彩衣撰写；第 5 章农用地土壤环境质量评价与等级划分方法研究由单艳红、应蓉蓉、尹爱经、孔令雅、芦园园、张晓雨、吴运金、曹伍刚、季文兵撰写；第 6 章国内外农用地分级分区管理研究、第 7 章农用地土壤环境优先保护区划定和第 8 章农用地土壤环境保护优先区管理对策研究由李志涛、王夏晖、孟玲珑、季国华、宋志晓、刘瑞平撰写。整体书稿由单艳红、应蓉蓉编辑整理。

由于作者水平有限，尽管力求完善，但书中的缺憾在所难免，恳请读者批评指正。

著者

2020 年 11 月于南京

前　言

据《全国土壤污染状况调查公报》（2014年4月17日），全国土壤（主要为农用地）总的超标率为16.1%，轻微、轻度、中度和重度污染点位比例分别为11.2%、2.3%、1.5%和1.1%；耕地、林地、草地的点位超标率分别为19.4%、10.0%、10.4%；污染类型以无机型为主，无机污染物超标点位数占全部超标点位的82.8%。全国土壤环境状况总体不容乐观，耕地土壤环境质量堪忧。

2011年12月国务院印发的《国家环境保护“十二五”规划》，从“加强土壤环境保护制度建设。完善土壤环境质量标准，制定农产品产地土壤环境保护监督管理办法和技术规范……强化土壤环境监管。深化土壤环境调查，对粮食、蔬菜基地等敏感区和矿产资源开发影响区进行重点调查。开展农产品产地土壤污染评估与安全等级划分试点”等方面提出了土壤环境保护的主要任务。《国家环境保护“十二五”科技发展规划》围绕土壤污染防治领域的科技需求，战略性提出了“农村土壤环境管理与土壤污染风险管控技术研究”，并明确开展农用地土壤环境质量等级评估与安全性划分方法研究。国务院办公厅印发的《近期土壤环境保护和综合治理工作安排》（国办发〔2013〕7号）也明确了土壤环境保护的主要任务：“确定土壤环境保护优先区域……各省级人民政府要明确本行政区域内优先区域的范围和面积，并在土壤环境质量评估和污染源排查的基础上，划分土壤环境质量等级，建立相关数据库。”要落实近期土壤环境保护工作任务，需要有农用地土壤环境质量评估、等级划分、优先保护区划分等方面的技术文件作支撑。

农用地土壤环境质量是关系到农业生态安全和粮食安全的关键要素。我国土地幅员辽阔，农用地自然属性多种多样，经济属性也是千差万别。自然属性最大的差异就是水热条件不同，也因此形成了不同的土壤类型；经济属性上，由自然属性和当地经济发展水平决定的农用地土壤不同的肥力特征、不同的耕作制度以及人口承载力的巨大差异，影响了农用地土壤的利用强度和化学品的投入量，受周边城市发展、工业污染源类型、分布及排放的威胁，造成农用地土壤环境质量面临不同的隐患，土壤环境质量现状产生巨大差异。所以，处理如此复杂的农用地土壤环境管理问题，绝对不可能按照一种思路、一种模式对待，需要分门别类、分级分区采取不同的利用与保护措施，使有限的农用地发挥最佳的资源利用效益，并保持永续利用的价值。本书通过分析农用地土壤环境质量现状，进行质量等级划分与评估、农用地土壤环境保护优先区域确定方法与技术规程研究，提出农用地土壤环境保护优先区域确定方法，为我国农用地土壤环境保护和分类管理提供技术支撑。

本书编写由生态环境部南京环境科学研究所主持，生态环境部环境规划院、中国科学院地理科学与资源研究所、中国科学院南京土壤研究所和生态环境部土壤与农业农村生态环境监管技术中心协作。本书从农用地土壤环境质量现状入手，结合不同尺度的农用地调查评估案例研究，合理确定研究内容，进行研究任务分工。生态环境部南京环境科学研究所承担研究比较现有的农用地土壤环境质量评估方法的科学性和合理性，研究农用地土壤环境质量等级划分原则与方法、不同等级土壤环境质量农用地的管理对策、土壤环境质量评估分级与优先保护区确定的关系。生态环境部环境规划院、生态环境部土壤与农业农村生态环境监管技术中心承担相关区划方法的对比研究，农用地土壤环境保护优先区域确定的程序和方法研究，农用地土壤环境保护优先区域管理政策研究。中国科学院地理科学与资源研究所承担我国农用地利用状况及其土壤环境质量状况分析，影响农用地土壤环境质量的因素分析，现有农用地土壤环境质量评估方法的比较分析。中国科学院南京土壤研究所承担农用地土壤环境质量调查方法研究，提出设施农业用地土壤环境质量标准体系。

目　录

第 1 章　农用地土壤环境质量的基本概念

1.1　农用地

《中华人民共和国土地管理法》第四条规定：“国家实行土地用途管制制度。国家编制土地利用总体规划，规定土地用途，将土地分为农用地、建设用地和未利用地……农用地是指直接用于农业生产的土地，包括耕地、林地、草地、农田水利用地、养殖水面等；建设用地是指建造建筑物、构筑物的土地，包括城乡住宅和公共设施用地、工矿用地、交通水利设施用地、旅游用地、军事设施用地等；未利用地是指农用地和建设用地以外的土地。”

《土地利用现状分类》（GB/T 21010—2017）取消了三大类的划分，把耕地、园地等定为一级类，但和《中华人民共和国土地管理法》的规定基本都有对应。

《市（地）级土地利用总体规划编制规程》（TD/T 1023—2010）和《县级土地利用总体规划编制规程》（TD/T 1024—2010）将土地规划用途一级类分为三大类，即农用地、建设用地和其他土地。相关分类见表 1-1。

表 1-1　相关法律、标准文件中关于土地用途的规定

《中华人民共和国土地管理法》			《土地利用现状分类》（GB/T 21010—2017）		《市（地）级土地利用总体规划编制规程》（TD/T 1023—2010）		
农用地	耕地	水田	耕地	水田	农用地	耕地	水田
		水浇地		水浇地			水浇地
		旱地		旱地			旱地
	园地	果园	园地	果园		园地	—
		茶园		茶园			—
		其他园地		橡胶园			—
	林地	有林地		其他园地		林地	—
		灌木林地	林地	乔木林地			—
		其他林地		竹林地			—
	草地	天然牧草地		红树林地		牧草地	天然牧草地
		人工牧草地		森林沼泽			人工牧草地

续表

《中华人民共和国土地管理法》			《土地利用现状分类》（GB/T 21010—2017）		《市（地）级土地利用总体规划编制规程》（TD/T 1023—2010）		
农用地	交通用地	农村道路	林地	灌木林地	农用地	其他农用地	设施农用地
	水域及水利设施用地	坑塘水面		灌丛林地			农村道路
		沟渠		其他林地			坑塘水面
	其他土地	设施农用地	草地	天然牧草地			农田水利用地
		田坎		沼泽草地			田坎
建设用地	商服用地	批发零售用地		人工牧草地	建设用地	城乡建设用地	城镇用地
		住宿餐饮用地		其他草地			农村居民点用地
		商务金融用地	商服用地	零售商业用地			采矿用地
		其他商服用地		批发市场用地			其他独立建设用地
	工矿仓储用地	工业用地		餐饮用地		交通水利用地	铁路用地
		采矿用地		旅馆用地			公路用地
		仓储用地		商务金融用地			民用机场用地
	住宅用地	城镇住宅用地		娱乐用地			港口码头用地
		农村宅基地		其他商服用地			管道运输用地
	公共管理与公用服务设施用地	机关团体用地	工矿仓储用地	工业用地			水库
		新闻出版用地		采矿用地			水工建筑用地
		科教用地		盐田		其他建设用地	风景名胜设施用地
		医卫慈善用地		仓储用地			特殊用地
		文体娱乐用地	住宅用地	城镇住宅用地			盐田
		公共设施用地		农村宅基地	其他土地	水域	河流
		公园与绿地	公共管理与公用服务用地	机关团体用地			湖泊
		风景名胜设施用地		新闻出版用地			滩涂
	特殊用地	军事设施用地		教育用地		自然保留地	冰川及永久积雪
		使领馆用地		科教用地			沼泽地
		监教场所用地		医疗卫生用地			荒草地
		宗教用地		社会福利用地			盐碱地
		殡葬用地		文体设施用地			沙地
	交通用地	铁路用地		体育用地			裸地
		公路用地		公共设施用地			高原荒漠
		街巷用地		公园与绿地			苔原
		机场用地	特殊用地	军事设施用地			

续表

《中华人民共和国土地管理法》			《土地利用现状分类》（GB/T 21010—2017）		《市（地）级土地利用总体规划编制规程》（TD/T 1023—2010）		
建设用地	交通用地	港口码头用地	特殊用地	使领馆用地			
		管道运输用地		监教场所用地			
	水域及水利设施用地	水库		宗教用地			
		水工建筑用地		殡葬用地			
	其他土地	空闲地		风景名胜设施用地			
未利用地	水域及水利设施用地	河流	交通运输用地	铁路用地			
		湖泊		轨道交通用地			
		沿海滩涂		公路用地			
		内陆滩涂		城镇村道路用地			
		冰川及永久积雪		交通服务场站用地			
	草地	其他草地		农村道路			
	其他土地	盐碱地		机场用地			
		沼泽地		港口码头用地			
		沙地		管道运输用地			
		裸地	水域及水利设施用地	河流水面			
				湖泊水面			
				水库水面			
				坑塘水面			
				沿海滩涂			
				内陆滩涂			
				沟渠			
				沼泽地			
				水工建筑用地			
				冰川及永久积雪			
			其他土地	空闲地			
				设施农用地			
				田坎			
				盐碱地			
				沙地			
				裸土地			
				裸岩石砾地			

本项目中的农用地（agricultural land）主要指 GB/T 21010—2017 中的 01 耕地（0101 水田、0102 水浇地、0103 旱地）、02 园地（0201 果园、0202 茶园）、03 林地和 04 草地（0401 天然牧草地、0403 人工牧草地）。2018 年发布的《土壤环境质量 农用地土壤污染风险管控标准（试行）》（GB15618—2018）适用于耕地，其他农用地（园地、林地和草地）参照执行。

1.2 土壤环境质量与土壤环境质量评价

“环境”是相对于中心事物而言的，指主体周围的空间及空间中存在的事物。在环境科学中，一般认为环境是指围绕着人群的空间，以及其中可以直接或间接影响人类生活和发展的各种自然因素和社会因素的总体，在环境科学和工程研究中主要关心的是自然因素。

根据《土壤质量 词汇》（GB/T 18834—2002）和《土壤质量 词汇》（ISO 11074：2015）的定义，土壤（soil）是指由矿物质、有机质、水、空气及生物有机体组成的地球陆地表面上能生长植物的疏松层。土壤是环境的重要组成要素，和大气、水、生物等环境要素之间经常互为外在条件，相互作用，相互影响。

土壤既能生长植物，为人类和其他动物提供食物，又是一切地上物（包括建筑）的载体，直接影响到农产食品的质量和人居环境的安全。土壤环境质量是事关经济社会发展和子孙后代生存安全的重大民生问题。

由于土壤本身是由有机物与无机物组成的复合体，并有固、液、气三相共存，对污染物有一定的容纳和消解能力。不同类型的土壤对污染物的消纳能力千差万别，如果污染超过了消纳能力，就引起土壤污染。土壤污染是环境污染的重要环节，土壤污染又可引起和加重水体、大气、生物等环境要素的污染。所以，有必要对土壤环境质量进行客观评价。

土壤质量（soil quality）是关于土壤利用和功能的所有积极或消极性质的总和。广义的土壤环境质量指在一定的时间和空间范围内，土壤自身性状对其持续利用以及对其他环境要素，特别是对人类或其他生物的生存、繁衍以及社会经济发展的“适宜性”，是土壤环境“优劣”的一种概念，是特定需要之“环境条件”的量度。广义的土壤环境问题包括土壤荒漠化、盐渍化、侵蚀等退化问题。狭义的土壤环境质量与土壤的健康或清洁的状态，以及遭受污染的程度密切相关，用土壤污染物的含量水平来度量。所以土壤环境质量评价即是评价土壤污染物含量水平，而对于影响土壤质量的肥力指标和盐分含量等不作考虑。土壤环境质量评价包括了两方面的含义：一是污染物是否有累积，即累积性评价；二是污染物的含量水平是否影响某种土地利用，即适宜性评价。

关于土壤污染的定义有三种认识：一种是认为由人类活动向土壤添加有害化合物，此时土壤即受到了污染，可视为“绝对性”的定义；第二种是以特定的参照数据来加以判断的，如以背景值加两倍标准差为临界值，若超过这一数值，即认为该土壤为某元素所污染，这可视为“相对性”定义；第三种定义是不但要看含量的增加，还要看后果，即加入土壤的物质给生态系统造成了危害，此时才能称为污染，这可视为“综合性”定义。综上所述，土壤污染就是指由于人为因素有意或无意地将对人类本身和其他生命体有害的物质施加到土壤中，使其某种成分的含量明显高于原有含量，并引起现存的或潜在的土壤环境质量恶化的现象。

1.3　土壤环境背景含量和土壤环境背景值

参照 ISO 19258：2005（E）《土壤质量——背景值确定指南》（已修订更新至 ISO 19258：2018）的术语解释，土壤背景含量（background content）是指包括了来自地球化学过程和扩散源（非点源）输入的土壤化学成分的含量。更早期的土壤背景含量还区分了土壤自然背景含量（natural background content），即仅包括来自地球化学过程的土壤化学成分的含量。由于全球范围内人类活动和现代工业发展的影响，不包含非点源输入的土壤几乎不存在，因而通常情况下土壤环境背景含量包括了自然源和人为的扩散源输入。

背景值是背景含量的统计值，用来表示一定面积或区域内土壤的化学组成或元素含量水平，是一系列变幅的土壤背景含量的统计数，一般用背景含量的平均值、中位数、标准偏差或频率分布的百分位数（如 75%～95%背景含量分布分位值）来表示。

基于“七五”国家重点科技攻关专题——全国土壤背景值调查研究成果，当时条件下获得的土壤背景含量比较接近自然条件下的背景水平，选择 95%分位统计值作为不同行政区的土壤背景值参考值，供评价工作者参考使用。随着我国工业化、城镇化的发展，以及农业土地利用程度的提高，土壤背景水平受人为影响的程度加剧，相关调查和研究表明，背景含量有一定程度的增加。

1.4　土壤环境本底含量和土壤环境本底值

土壤环境本底含量（environmental baseline content of soil）的定义强调了某种土地利用起始点的土壤污染物含量，可作为考核土地利用土壤环境保护的指标。在无点源污染输入的情况下，本底含量就是背景含量；若发生过点源污染输入，如一个污染场地，即使经过修复治理仍未达到原来的清洁状态，只是修复到相对可接受的风险水平，相对于新的开发利用此时的土壤污染物含量水平就是本底含量，土壤的本底含量可以高于背景含量。

同样，土壤环境本底值是土壤环境本底含量的统计值，可用调查数据的平均值、中位数、标准偏差或频率分布的百分位数（如 75%～95%背景含量分布分位值）来表示。如果调查的本底含量数据较少，可用“均值+2 倍标准差”表示土壤环境本底值。土壤环境的本底值还可以是一些法律层面认可的数据。

在《土壤质量　词汇》（GB/T 18834—2002）中土壤环境背景值和本底值的概念是相同的，都是表示在未受或很少受人类活动影响的土壤中某种物质的自然发生的环境浓度水平。本研究把二者区分开来，土壤环境背景值更趋向自然的状态，本底值强调了某一时间点的起始水平概念，有时二者是重叠的。

第 2 章　农用地土壤环境质量状况及其影响因素分析

2.1　我国农用地利用状况分析

2.1.1　农用地利用现状

本研究通过文字数据资料收集（包括《中国统计年鉴》和全国土壤普查数据）和遥感影像数据收集，对我国农用地利用现状进行了统计和分析。根据《中国统计年鉴-2014》，我国拥有农用地 98.532 亿亩[①]，其中牧草地面积最大，为 39.276 亿亩，占农用地面积的 39.86%；其次为林地，面积为 35.413 5 亿亩，占农用地面积的 35.94%；耕地为 18.258 亿亩，占农用地面积的 18.53%；园地为 1.768 5 亿亩，占农用地面积的 1.79%，见表 2-1。

表 2-1　我国农用地利用现状

	面积/亿亩	占农用地总面积/%
耕地	18.258	18.53
园地	1.768 5	1.79
林地	35.413 5	35.94
牧草地	39.276	39.86
其他农用地	3.816	3.87
合计	98.532	100

数据来源于《中国统计年鉴-2014》。

全国各省、自治区、直辖市农用地面积见表 2-2（数据来源：第二次全国土壤普查数据）。基本土地面积最大的地区为新疆，为 24.95 亿亩，排名前五分别为新疆、西藏、内蒙古、青海、四川。农用地面积（耕地、园地、林地和草地面积之和）最大的地区为内蒙古，为 14.1 亿亩，排名前五分别为内蒙古、西藏、新疆、四川、青海。农用地占土地面积比例最高的地区为贵州，为 90.04%，排名前五分别为贵州、云南、吉林、台湾、宁夏。耕地面积最大的地区为黑龙江，为 1.76 亿亩，排名前五分别为黑龙江、四川、河南、山东、河北，其中水田面积最大的地区为四川，为 6 901 万亩，旱地面积最大的地区为黑龙江，为 1.70 亿亩。园地面积最大的区域为海南，为 678 万亩，排名前五分别为海南、浙江、四川、辽宁、河南。林地最大面积的区域为云南，为 3.23 亿亩，排名前五分别为云南、黑龙江、四川、内蒙古、西藏。草地最大面积的区域为内蒙古，为 10.55 亿亩，排名前五分别为内蒙古、西藏、新疆、青海、四川。

① 1 亩≈666.7m²。

表 2-2　各省、自治区、直辖市农用地面积

省份	地（市、盟）数/个	县（旗）数/个	土地面积/亩	耕地面积/亩			园地/亩	林地/亩	草地/亩
				小计	水田	旱地			
北京	1	18	24 641 000	6 833 897	477 000	6 356 897	827 000	5 976 000	5 875 000
天津	—	12	17 315 200	8 659 418	565 800	8 093 618	224 400	403 600	15 900
河北	12	146	282 527 692	113 483 062	2 375 211	111 107 851	4 212 620	38 830 777	68 590 685
山西	11	109	235 010 100	78 206 000	150 700	78 055 300	1 887 500	41 412 300	29 855 700
内蒙古	12	93	1 734 514 576	109 348 776	461 300	108 887 476	352 100	245 832 500	1 054 569 200
辽宁	13	74	218 888 000	77 275 948	8 917 243	68 358 705	5 466 000	72 773 000	30 309 000
吉林	8	46	286 420 000	81 016 199	5 605 136	75 411 063	1 216 000	131 762 000	39 273 000
黑龙江	14	69	681 946 677	176 172 677	3 653 440	169 519 237	826 000	320 689 000	56 346 000
上海	—	10	9 510 700	5 812 731	4 874 300	938 431	67 900	78 000	—
江苏	11	64	151 785 600	83 447 685	39 446 700	44 000 985	2 872 700	4 346 000	645 300
浙江	11	89	158 018 600	40 562 438	31 886 497	8 675 941	6 159 900	81 992 900	413 500
安徽	16	84	209 926 500	92 341 033	36 230 583	56 110 450	2 921 300	48 153 800	10 881 800
福建	9	68	184 285 900	21 173 757	16 050 555	5 123 202	2 791 700	104 348 600	—
江西	11	85	250 419 300	52 482 561	45 489 365	6 993 196	1 651 600	138 873 800	24 332 900
山东	15	129	235 075 352	128 049 464	2 600 333	125 449 131	4 396 440	19 530 502	2 688 724
河南	17	157	248 505 832	134 763 588	14 729 200	120 034 388	4 407 700	38 646 900	16 478 300
湖北	10	78	278 863 100	60 146 113	39 430 300	20 715 813	2 397 600	90 629 200	41 399 100
湖南	14	104	317 743 500	54 170 134	41 336 500	12 833 634	3 522 200	147 815 300	16 538 800

续表

省份	地（市、盟）数/个	县（旗）数/个	土地面积/亩	耕地面积/亩			园地/亩	林地/亩	草地/亩
				小计	水田	旱地			
广东	19	76	267 128 200	42 657 814	32 637 958	10 019 856	3 838 900	113 531 800	—
广西	13	82	355 066 200	38 460 222	24 707 307	13 752 915	2 041 200	111 491 900	81 361 000
海南	2	18	50 958 720	17 806 366	4 250 144	13 556 222	6 780 747	10 221 508	7 019 884
四川	21	204	850 615 013	167 109 813	69 015 100	98 094 713	6 076 100	282 042 500	251 361 600
贵州	9	86	264 192 900	72 695 700	23 252 500	49 443 200	654 100	89 470 700	75 064 500
云南	17	127	574 917 079	69 412 079	20 476 335	48 935 744	4 365 000	322 911 000	118 519 000
西藏	7	78	1 807 164 489	6 784 510	22 175	6 762 335	17 630	189 779 647	971 950 739
陕西	10	107	308 487 891	84 143 041	3 705 788	80 437 253	2 133 000	127 144 000	57 522 000
甘肃	14	75	684 654 600	112 532 174	139 600	112 392 574	553 400	63 506 900	243 424 500
青海	8	44	1 082 514 700	18 143 900	—	18 143 900	92 600	4 278 100	546 741 100
宁夏	4	19	77 693 000	27 941 218	3 081 000	24 860 218	114 000	3 358 000	36 884 000
新疆	14	83	2 494 726 500	89 347 500	1 325 100	88 022 400	1 273 100	74 760 000	888 390 400
台湾	—	—	54 000 080	13 200 000	7 500 000	5 700 000	—	32 520 000	1 920 000
全国	323	2 434	14 397 517 011	2 081 179 818	484 393 170	1 596 786 648	74 140 437	2 957 110 234	4 678 511 632

数据来源：第二次全国土壤普查数据（1978—1979 年）。

表 2-3　各省、自治区、直辖市各类型农用地比例　　（单位：%）

省份	耕地			园地	林地	草地
	小计	水田	旱地			
北京	35.02	2.44	32.58	4.24	30.63	30.11
天津	93.08	6.08	87.00	2.41	4.34	0.17
河北	50.41	1.06	49.36	1.87	17.25	30.47
山西	51.67	0.10	51.57	1.25	27.36	19.72
内蒙古	7.75	0.03	7.72	0.02	17.43	74.79
辽宁	41.59	4.80	36.79	2.94	39.16	16.31
吉林	31.99	2.21	29.78	0.48	52.02	15.51
黑龙江	31.80	0.66	30.60	0.15	57.88	10.17
上海	97.55	81.80	15.75	1.14	1.31	0.00
江苏	91.39	43.20	48.19	3.15	4.76	0.71
浙江	31.41	24.69	6.72	4.77	63.50	0.32
安徽	59.85	23.48	36.37	1.89	31.21	7.05
福建	16.50	12.51	3.99	2.18	81.32	0.00
江西	24.15	20.93	3.22	0.76	63.90	11.20
山东	82.79	1.68	81.11	2.84	12.63	1.74
河南	69.36	7.58	61.78	2.27	19.89	8.48
湖北	30.91	20.27	10.65	1.23	46.58	21.28
湖南	24.40	18.62	5.78	1.59	66.57	7.45
广东	26.66	20.40	6.26	2.40	70.94	0.00
广西	16.48	10.59	5.89	0.87	47.78	34.87
海南	42.57	10.16	32.41	16.21	24.44	16.78
四川	23.65	9.77	13.88	0.86	39.92	35.57
贵州	30.56	9.77	20.78	0.27	37.61	31.55
云南	13.47	3.97	9.50	0.85	62.68	23.00
西藏	0.58	0.00	0.58	0.00	16.24	83.18
陕西	31.06	1.37	29.69	0.79	46.93	21.23
甘肃	26.79	0.03	26.76	0.13	15.12	57.96
青海	3.19	0.00	3.19	0.02	0.75	96.04
宁夏	40.91	4.51	36.40	0.17	4.92	54.01

续表

省份	耕地			园地	林地	草地
	小计	水田	旱地			
新疆	8.48	0.13	8.35	0.12	7.09	84.31
台湾	27.71	15.74	11.96	0.00	68.26	4.03
全国	21.26	4.95	16.31	0.76	30.20	47.78

数据来源：第二次全国土壤普查数据（1978—1979 年）。

分析不同类型农用地比例（表 2-3）可以看出，全国范围内，农用地面积最大的类型为草地，占农用地面积的 47.78%，其次为林地，占农用地面积的 30.20%，耕地仅占 21.26%，其中以旱地为主，占 16.31%。分区域来看，耕地面积占农用地面积最小的区域为西藏，仅占 0.58%，其次为青海和内蒙古，耕地面积占农用地面积的 3.19%和 7.75%，在这三个区域，草地为主要的农用地类型；耕地面积占农用地面积比例最大的五个区域分别为上海（97.55%）、天津（93.08%）、江苏（91.39%）、山东（82.79%）、河南（69.36%），其中上海和江苏是水田面积占农用地面积比例最大的两个区域；而天津、山东和河南以旱地为主，是旱地面积占农用地面积比例最大的三个区域。园地面积比例普遍较低，园地面积占农用地面积比例最大的为海南，也仅为 16.21%，其次为浙江（4.77%）和北京（4.24%）。林地面积占农用地面积比例最大的区域为福建（81.32%），然后是广东（70.94%）、台湾（68.26%）、湖南（66.57%）、江西（63.90%），主要在南方地区，北方地区黑龙江和吉林的林地面积比例相对较高，分别为 57.88%和 52.02%。草地面积占农用地面积比例最大的五个区域分别为青海（96.04%）、新疆（84.31%）、西藏（83.18%）、内蒙古（74.79%）、甘肃（57.96%）。

由我国农用地面积和类型的统计资料可以看出，农用地面积最大的五个省份为内蒙古、西藏、新疆、四川和青海，面积最大的农用地类型都为草地（四川为林地），耕地面积极为有限。

我国土地利用共包括 10 个类型，分别是：耕地、森林、草地、灌木地、水体、湿地、苔原、人造地表、裸地、冰川与永久积雪。我国耕地主要分布在东北部、东部和中部，与第二次全国土壤普查数据一致，黑龙江、四川、河南、山东和河北的耕地面积相对较多。草地主要分布在新疆、青海、西藏和内蒙古；林地主要分布在南方和东北部分地区。

根据土地利用图计算出我国各省、自治区、直辖市的各种土地利用类型面积（表 2-4）。可以看出，基本与第二次全国土壤普查数据（表 2-2）一致。遥感影像获得的各省、自治区、直辖市总土地面积与第二次全国土壤普查数据的比值为 1.03±0.13，表明两种方式的数据基本吻合。

表 2-4　遥感影像数据计算的各种土地利用类型面积

（单位：亩）

省份	耕地	森林	草地	灌木地	湿地	水体	苔原	人造地表	裸地	冰川和永久积雪	总计
北京	10 130 780	12 713 479	2 303 882	260	16 408	271 917	0	4 119 393	733	0	29 556 852
天津	10 687 080	208 747	256 913	0	414 592	1 936 542	0	2 774 670	1 360	0	16 279 903
河北	140 550 074	48 373 163	51 094 324	394 707	621 213	2 652 361	0	18 848 578	95 887	0	262 630 306
山西	97 835 060	61 987 434	56 205 202	91 824	219 352	685 806	0	7 390 474	79 570	0	224 494 722
内蒙古	236 974 494	252 005 326	951 348 105	15 682 161	10 910 095	9 361 727	0	15 129 329	497 082 700	0	1 988 493 937
辽宁	97 817 194	57 323 542	28 636 247	25 556	865 036	3 034 814	0	12 930 795	1 207	0	200 634 390
吉林	188 152 354	152 906 017	38 454 732	84	1 272 385	5 551 449	0	12 862 556	8 435 440	0	407 635 016
黑龙江	258 273 410	254 134 997	78 949 594	3 136	12 956 493	9 842 664	0	12 427 291	2 063 742	0	628 651 326
上海	4 803 534	13 687	29 255	7	14 389	403 113	0	3 931 048	0	0	9 195 033
江苏	105 574 463	3 134 865	1 054 838	3 823	432 328	17 739 650	0	19 201 904	7 585	0	147 149 458
浙江	48 392 668	86 415 303	5 681 994	392 408	55 877	3 112 714	0	8 566 215	9 726	0	152 626 904
安徽	120 482 616	54 562 907	4 556 320	0	775 129	10 065 142	0	16 218 030	50 192	0	206 710 336
福建	37 802 377	127 285 047	14 399 327	574 763	346 232	2 285 698	0	5 789 838	198 450	0	188 681 731
江西	92 629 853	195 321 001	23 946 058	169 046	4 298 671	9 125 361	0	6 535 537	548 657	0	332 574 183
山东	235 287 459	7 057 630	7 006 319	0	1 062 127	9 590 149	0	35 079 003	278 307	0	295 360 993
河南	156 529 788	46 850 819	6 847 847	487 900	262 253	2 837 652	0	27 156 116	108 896	0	241 081 271
湖北	120 164 514	125 766 691	8 711 029	4 744	1 201 959	12 330 900	0	6 511 937	69 672	0	274 761 447
湖南	99 517 467	186 296 674	26 742 483	0	1 333 890	8 312 636	0	3 921 920	2 521	0	326 127 591
广东（含港澳）	92 828 134	193 930 835	27 841 131	5 078 582	252 475	12 890 851	0	15 736 114	43 870	0	348 601 991
广西	106 319 404	241 131 684	17 537 179	2 683 737	73 256	4 977 577	0	4 154 006	529	0	376 877 372

续表

省份	耕地	森林	草地	灌木地	湿地	水体	苔原	人造地表	裸地	冰川和永久积雪	总计
海南	13 195 526	40 961 298	1 057 581	0	116 173	1 028 764	0	1 003 962	32 374	0	57 395 679
四川	175 335 872	291 173 283	218 171 575	14 707 900	6 298 109	4 245 682	0	3 621 331	3 937 298	2 767 342	720 258 392
重庆	60 711 936	51 921 194	7 773 153	809 225	57 382	1 477 968	0	1 199 358	0	0	123 950 216
贵州	90 129 084	124 991 897	49 787 038	2 917 214	36 366	965 919	0	1 221 780	0	0	270 049 298
云南	183 077 262	354 011 294	84 111 408	35 229 918	73 233	3 893 427	0	4 570 866	1 753 092	1 426 993	668 147 494
西藏	6 885 784	154 354 949	1 144 133 735	34 962 297	3 192 863	45 804 894	75	537 500	312 786 976	78 997 452	1 781 656 526
陕西	90 557 333	134 528 405	61 437 358	1 081 020	281 659	1 189 076	0	6 468 692	2 071 931	0	297 615 474
甘肃	120 019 601	71 874 131	140 661 966	3 284 731	2 237 915	1 072 909	0	2 538 270	230 569 249	1 760 220	574 018 991
青海	16 519 878	3 841 706	678 508 141	15 799 268	5 993 045	23 683 333	0	796 967	273 704 248	7 896 529	1 026 743 114
宁夏	31 703 885	1 211 443	32 985 892	749 672	102 866	563 625	0	1 195 685	5 995 533	0	74 508 602
新疆	186 403 814	41 150 021	748 470 394	28 431 903	10 023 593	21 894 092	0	10 131 906	2 246 233 292	81 026 958	3 373 765 974
台湾	12 685 540	39 136 903	1 453 576	21 941	4 051	987 377	0	3 140 258	1 475	0	57 431 121
总计	3 247 978 239	3 416 576 374	4 520 154 592	163 587 827	65 801 413	233 815 787	75	275 711 332	3 586 164 508	173 875 495	15 683 665 642

2.1.2 各地区农用地利用变化情况

根据收集的资料，选择代表性地区进行农用地利用变化的分析。主要选择了农用地面积最大的东北三省、耕地面积较大的东部省份江苏、耕地和林地面积较大的西南部重庆市以及园林地面积较大的南方省份广东进行农用地利用变化的分析。

2.1.2.1 东北三省农用地利用变化

东北三省包括辽宁、吉林、黑龙江三省，辖 34 个地级市及 1 个自治州、1 个地区行署，总面积近 80 万 km^2，人口近 1 亿人，是我国重要的经济区域，在全国经济布局中具有不可替代的战略地位和作用。

1993—2003 年，东北三省的农用地利用类型均有不同程度的变化，农用地整体增加了 1%，见表 2-5。其中增加的主要是耕地，由 1993 年的 2 456 万 hm^2 增加到 2003 年的 2 644.7 万 hm^2，增加了 7.68%。耕地面积净增区域主要分布在黑龙江省的三江平原东部、松嫩平原西部、大小兴安岭的山区丘陵区。耕地面积净减区域主要分布在辽宁省西南部的丘陵区、中部平原区以及吉林省松嫩平原区。1993—2003 年，东北三省减少的农用地利用类型包括园地、林地和牧草地。

表 2-5 东北三省农用地利用变化情况 （单位：万 hm^2）

农用地	1993 年	2003 年	变化量	变化率/%
耕地	2 456	2 644.7	188.7	7.68
园林地	3 653.8	3 586.4	−67.4	−1.84
牧草地	488.4	432.9	−55.5	−11.36
合计	6 598.2	6 664	65.8	1.00

东北三省由于各地区人口、社会经济发展存在着比较明显的差异，因此，各地区 1993—2003 年农用地的变化表现也不一样。虽然东北三省 1993—2003 年耕地面积从总体上是增加的，但三个省的情况并不相同。辽宁省和吉林省的耕地面积是减少的，分别由 1993 年的 585.4 万 hm^2 和 609.1 万 hm^2 减少到 2003 年的 571.4 万 hm^2 和 589.3 万 hm^2，分别减少了 14 万 hm^2 和 19.8 万 hm^2。相反，黑龙江省的耕地面积则是增加的，由 1993 年的 1 261.4 万 hm^2 增加到 2003 年的 1 484.0 万 hm^2，新增耕地 222.6 万 hm^2，新增量占总耕地量的 17.64%。园林地面积的变化在各省之间也存在着较大的差异。辽宁省和吉林省的园林地面积都有所增加，分别从 1993 年的 541.7 万 hm^2 和 955.8 万 hm^2 增加到 2003 年的 556.7 万 hm^2 和 978.1 万 hm^2。而黑龙江省则呈减少趋势，从 1993 年的 2 156.3 万hm^2 减少到 2003 年的 2 051.6 万 hm^2。牧草地面积各省的变化趋势基本相同，但减少的幅度不同。年均减少幅度由大到小排列分别是黑龙江、辽宁和吉林，总面积分别减少了 46.7 万 hm^2、8.3 万 hm^2 和 0.5 万 hm^2。

通过调查分析，东北三省耕地增加的主要原因包括农业结构调整、未利用地的开发、土壤改良和土地复垦。值得注意的是，虽然整体上东北三省的耕地面积呈增加趋势，但辽宁和吉林的耕地面积都是减少的，减少的主要原因是生态退耕还林、还草，建设用地占用，撂荒和毁地。

园林地面积增加的主要原因是退耕还林、种植三北防护林以及城市绿化等。园林地面积减少的主要原因包括：开垦成耕地、乱砍滥伐、过度采伐、城镇与工矿用地的扩展及交通建设占用部分园林地。

牧草地主要为减少趋势，其主要原因有农业用地结构调整、生态退牧改林、草场过度放牧、建设用地占用。

2.1.2.2　江苏省农用地利用变化

1993 年江苏省土地总面积为 1 016.7 万 hm^2，农用地（包括耕地、林地、牧草地等 3 个一级类）是江苏省土地利用构成的主体，农用地面积为 699.2 万 hm^2，占土地总面积的 68.8%。农用地中，又以耕地面积比重最大，耕地面积 649.8 万 hm^2，占江苏省土地总面积的 63.9%。园地与林地面积 48.3 万 hm^2、牧草地面积 1.2 万 hm^2。从江苏省不同区域的农用地分布来看，苏北地区（包括徐州、宿迁、连云港、淮安和盐城 5 市）土地总面积 520.8 万 hm^2，其中农用地面积 354.4 万 hm^2，包括耕地 336.2 万 hm^2、园地和林地 17.8 万 hm^2、牧草地 0.4 万 hm^2；苏中地区（包括南通、泰州和扬州 3 市）土地总面积 215.6 万 hm^2，其中农用地面积 152.4 万 hm^2，包括耕地 148.8 万 hm^2、园地和林地 3.5 万 hm^2、牧草地 0.1 万 hm^2；苏南地区（包括南京、镇江、常州、无锡和苏州 5 市）土地总面积 280.4 万 hm^2，其中农用地面积 192.6 万 hm^2，包括耕地 164.8 万 hm^2、园地和林地 27.0 万 hm^2、牧草地 0.8 万 hm^2。

2003 年的调查结果显示，江苏省土地总面积 1 016.7 万 hm^2，农用地仍是江苏省土地利用构成的主体，农用地面积为 636.0 万 hm^2，占土地总面积的 62.6%。在农用地中，又以耕地面积比重最大，耕地 564.8 万 hm^2，占江苏省土地总面积的 55.6%。园地与林地 70.6 万 hm^2，牧草地 0.6 万 hm^2。从江苏省不同区域的农用地分布来看，苏北地区土地总面积 520.8 万 hm^2，农用地面积 333.4 万 hm^2，其中耕地 299.1 万 hm^2、园地和林地 33.9 万 hm^2、牧草地 0.4 万 hm^2；苏中地区土地总面积 215.6 万 hm^2，农用地面积 139.9 万 hm^2，其中耕地 135.4 万 hm^2、园地和林地 4.3 万 hm^2、牧草地 0.2 万 hm^2；苏南地区土地总面积 280.4 万 hm^2，农用地面积 162.7 万 hm^2，其中耕地 130.3 万 hm^2、园地和林地 32.4 万 hm^2。

江苏省 1993—2003 年各种农用地利用类型均有不同程度的变化。其中，耕地面积减少了 13.1%；牧草地面积 10 年内减少了 50.0%；园林地面积增加了 46.2%。江苏省土地利用变化具有明显的地域差异。耕地面积以苏南地区减少最多，达 21.0%，苏北地区次之，苏中地区最少。园林地呈增加趋势，苏北地区园林地面积增加 90%以上，而苏中和苏南地区在 20%左右。牧草地的面积各地区表现差异很大，苏北地区基本不变，苏中地区牧草地面积增加了 1 倍，而苏南地区牧草地面积锐减。

通过调查，导致江苏省土地利用变化的主要原因包括能源价格的调整、宜农后备资源的开发、城市与工业化的发展、不合理的开发利用等。例如，1993—2003 年江苏省所增加的耕地主要来自园林地、牧草地的开垦，后备宜农资源的开发；耕地减少的去向则主要是建设占用地、部分地区水产养殖和特色园林面积扩大以及由于不合理的利用方式所造成的撂荒与毁地。

2.1.2.3　重庆市农用地利用变化

重庆市农用地组成以耕地和林地为主，耕地和林地面积占农用地总面积的95%以上，并且，耕地和林地在农用地构成中所占比例相当，均约为48%（2005年数据），这与重庆市的地形有很大关系。耕地中的旱地在农用地中占绝对优势，占农用地总面积的32.39%。林地面积大，但结构欠佳。2005年重庆市林地面积几乎为农用地总面积的一半，但灌木林地和疏林地所占林地总面积的比例达66%，质量较好的有林地仅占30%。1985—2005年重庆市农用地面积变化见表2-6。

表2-6　1985—2005年重庆市农用地面积变化情况　（单位：万 hm^2）

农用地	1985年	1995年	2000年	2005年
耕地	365.12	367.04	363.57	360.99
林地	341.23	350.8	349.54	361.03
园地	12.15	8.83	11.88	11.62
草地	18.29	18.231	18.041	18.13
合计	736.79	744.901	743.031	751.77

从1985—2005年这20年来看，重庆市的农用地面积总体增长，但不同类型农用地面积出现明显波动。耕地是变化最剧烈和频繁的农用地类型。从监测结果来看，重庆市的耕地变化可以分为1985—1995年以及1995—2005年两个阶段。在前一个阶段内，重庆市的耕地呈缓慢增长的趋势。在后一个阶段内，耕地则急剧减少，其中大部分的耕地变为了建设用地。耕地的这种变化趋势首先与重庆市的城市发展以及人口迅速增长有直接的关系。建设用地的快速增加导致大量的耕地被占用和非农化。其次受三峡工程淹没和移民的影响，大量的耕地或被水域化，或被用于建设移民县城以安置大规模的三峡移民。而2002年以来重庆市实施的以“退耕还林还草”等工程为主要内容的“青山绿水工程”，进一步加剧了重庆市耕地的减少。另外，滑坡等自然灾害的频繁发生也造成了耕地的减少，且难以复垦。

林地在1985—2005年经历了增加—减少—增加的变化过程，总体来说仍呈增加趋势。林地的减少主要受毁林开荒及建设用地占用的影响，而林地的增加则很大程度受到政府政策的主导。1989年国家实施了长江上游水源涵养林营造工程和水土保持工程，通过草地植树和退耕还林，营造了一大批林地，这也是1985—1995年重庆市林地增加的主导原因。而随后的城市化进程造成大量耕地的被占用，为了满足对粮食的需求，对林地和草地进行开垦以缓解耕地的紧张。同时受三峡工程淹没的影响，大量林地变成水域。2002年，重庆市对三峡库区实施了退耕还林还草、天然林保护、水土保持、生态建设综合治理等“青山绿水工程”，以在三峡库区构筑青山绿水多种生态屏障，从而保证了重庆市林地的增加。

草地的变化趋势是以2000年为界，先减少，后增加。和1985年的草地面积相比，2005年的草地面积减少了1 600 hm^2。草地的变化同耕地和林地的变化一样，也是多种原因共同作用的结果，总体来说草地的减少主要源于植树造林、毁草垦殖及建设用地侵占。而草地增加的主要原因是森林砍伐后退化陡坡、旱地退耕还草。另外，重庆市繁重的土地开发整理工作也是草地减少的一个重要原因。

园地的变化趋势是先减少、后增加、再减少。为打造三峡库区生态经济区，重庆市在库区主抓了柑橘种植、草食牲畜、旅游等四大产业，这在很大程度上促进了重庆市园地面积的增加。

2.1.2.4　广东省农用地利用变化

广东省地处中国南部。全省陆地面积 17.98 万 km^2，约占全国陆地面积的 1.85%；其中岛屿面积 1 592.7 km^2，约占全省陆地面积的 0.89%。1996—2008 年广东省农用地面积变化见表 2-7。

表 2-7　1996—2008 年广东省农用地面积变化情况　（单位：万 hm^2）

农用地	1996 年	2008 年
耕地	327.22	282.94
林地	1 032.3	1 012.39
园地	78.96	100.84
草地	2.83	2.7
合计	1 441.31	1 398.87

通过调查分析，广东省农用地 1996—2008 年呈减少趋势，总减少面积为 42.44 万 hm^2。不同类型农用地的变化趋势表现出差异，耕地、林地和草地都呈现减少趋势，其中耕地面积减少幅度最大，减少面积为 44.28 万 hm^2，降低率为 13.53%。园地表现出较高的增长，增加面积为 21.88 万 hm^2，增加率为 27.7%。

农用地利用结构也出现一定的变化，耕地、林地、牧草地所占比例有所减少，而由于耕地与林地的基数大，所以耕地与林地减少的数量也相对较大，其中耕地减少了 44.28 万 hm^2，林地减少了 19.91 万 hm^2，牧草地所占比例只有较小幅度的减少；园地所占比例有较大幅度的增加，其中园地增加了 21.88 万 hm^2。

2.2　我国农用地土壤环境质量状况研究

2.2.1　全国土壤污染状况调查结果

根据我国首次全国土壤污染状况调查结果，全国土壤环境状况总体不容乐观，部分地区土壤污染较重，耕地土壤环境质量堪忧，工矿业废弃地土壤环境问题突出。工矿业、农业等人为活动以及土壤环境背景值高是造成土壤污染或超标的主要原因。

全国土壤污染物总的超标率为 16.1%，其中轻微、轻度、中度和重度污染点位比例分别为 11.2%、2.3%、1.5%和 1.1%。污染类型以无机型为主，有机型次之，复合型污染比重较小，无机污染物超标点位数占全部超标点位的 82.8%。

镉、汞、砷、铜、铅、铬、锌、镍 8 种无机污染物点位超标率分别为 7.0%、1.6%、2.7%、2.1%、1.5%、1.1%、0.9%、4.8%，见表 2-8。

表 2-8　无机污染物超标情况

污染物类型	点位超标率/%	不同程度污染点位比例/%			
		轻微	轻度	中度	重度
镉	7.0	5.2	0.8	0.5	0.5
汞	1.6	1.2	0.2	0.1	0.1
砷	2.7	2.0	0.4	0.2	0.1
铜	2.1	1.6	0.3	0.15	0.05
铅	1.5	1.1	0.2	0.1	0.1
铬	1.1	0.9	0.15	0.04	0.01
锌	0.9	0.75	0.08	0.05	0.02
镍	4.8	3.9	0.5	0.3	0.1

注：点位超标率是指土壤超标点位的数量占调查点位总数量的比例。污染物含量未超过评价标准的，为无污染；在 1～2 倍（含）的，为轻微污染；2～3 倍（含）的，为轻度污染；3～5 倍（含）的，为中度污染；5 倍以上的，为重度污染。

六六六、滴滴涕、多环芳烃 3 类有机污染物点位超标率分别为 0.5%、1.9%、1.4%，见表 2-9。

表 2-9　有机污染物超标情况

污染物类型	点位超标率/%	不同程度污染点位比例/%			
		轻微	轻度	中度	重度
六六六	0.5	0.3	0.1	0.06	0.04
滴滴涕	1.9	1.1	0.3	0.25	0.25
多环芳烃	1.4	0.8	0.2	0.2	0.2

根据全国土壤污染调查数据，分别对耕地、林地、草地和未利用地的污染状况进行说明，见表 2-10。

耕地：土壤点位超标率为 19.4%，其中轻微、轻度、中度和重度污染点位比例分别为 13.7%、2.8%、1.8%和 1.1%，主要污染物为镉、镍、铜、砷、汞、铅、滴滴涕和多环芳烃。

林地：土壤点位超标率为 10.0%，其中轻微、轻度、中度和重度污染点位比例分别为 5.9%、1.6%、1.2%和 1.3%，主要污染物为镉、砷、六六六和滴滴涕。

草地：土壤点位超标率为 10.4%，其中轻微、轻度、中度和重度污染点位比例分别为

7.6%、1.2%、0.9%和 0.7%，主要污染物为镍、镉和砷。

未利用地：土壤点位超标率为 11.4%，其中轻微、轻度、中度和重度污染点位比例分别为 8.4%、1.1%、0.9%和 1.0%，主要污染物为镍和镉。

表 2-10　不同土地利用方式土壤环境质量状况　　（单位：%）

土地利用方式	点位超标率	不同程度污染点位比例				主要污染物
		轻微	轻度	中度	重度	
耕地	19.4	13.7	2.8	1.8	1.1	Cd、Ni、Cu、As、Hg、Pb、滴滴涕和多环芳烃
林地	10.0	5.9	1.6	1.2	1.3	Cd、As、六六六、滴滴涕
草地	10.4	7.6	1.2	0.9	0.7	Ni、Cd、As
未利用地	11.4	8.4	1.1	0.9	1.0	Ni、Cd

数据来源：全国土壤污染调查数据。

从污染分布情况来看，南方土壤污染重于北方；长江三角洲、珠江三角洲、东北老工业基地等部分区域土壤污染问题较为突出，西南、中南地区土壤重金属超标范围较大；镉、汞、砷、铅四种无机污染物含量分布呈现从西北到东南、从东北到西南方向逐渐升高的态势。在 13 个国家粮食主产区中，湖南、江西、四川、湖北等省份耕地土壤污染严重。

2.2.2　资料文献调查结果

由于目前全国土壤污染调查数据尚属于保密信息，无法对其进行分析，故对目前已经发表的国内外文献和本书作者积累的数据进行检索整理，分析不同类型农用地污染特征。对总体农用地土壤环境质量现状进行文献检索的原则是：（1）涉及案例区以地级市行政区为主要单位，兼顾省级和县级行政单位，回避矿场、污灌区等特殊的小尺度土壤污染案例文献；（2）数据采集地点为农用地，包括耕地、园地、林地和草地，采样点较多；（3）数据年份较新（2000 年以后），不同区域具有可比性；（4）文献能够提供农用地有机或无机污染物信息的原始数值。依据以上原则，通过对近千篇文献进行检索，最终筛选建立了包括污染物数值、种类、地点、时间、土地利用类型等在内的农用地污染物含量数据库。由于数据的局限性，本研究中的污染物共包括砷、镉、锌、铬、汞、铜、镍和铅八种重金属元素，以及六六六和滴滴涕两种有机污染物。最终收集到 367 个典型区域的土壤污染案例，其中农用地数据（没有区分耕地、园地、林地或者草地）81 个、耕地数据 159 个、园地数据 77 个、林地数据 30 个，以及草地数据 20 个，涉及除香港、澳门和台湾三个行政区以外的所有省份的 163 个地级市。不同土地利用方式土壤中污染物浓度见表 2-11。

表 2-11　不同土地利用方式土壤中污染物浓度

（单位：mg/kg）

		Cd	As	Zn	Cr	Hg	Cu	Ni	Pb	六六六	DDT
农用地	平均值	0.69	13.99	149.00	61.66	0.27	32.03	31.60	44.20	0.004	0.004
	最小值	0.01	0.05	1.13	0.53	未检出	1.17	0.93	0.77	未检出	未检出
	最大值	40.58	328.00	3 598.70	370.00	12.66	175.00	129.93	976.96	0.165	0.51
	标准差	4.95	27.09	404.49	40.21	0.95	27.21	20.17	74.83	0.03	0.07
耕地	平均值	0.75	13.75	178.33	65.67	0.20	33.29	32.21	45.34	0.03	0.07
	最小值	0.04	1.70	43.63	0.92	未检出	2.50	12.71	11.23	未检出	未检出
	最大值	40.58	93.42	3 598.70	370.00	1.79	111.00	111.50	976.96	0.11	0.51
	标准差	4.01	14.29	503.60	38.65	0.29	19.12	15.82	93.03	0.04	0.15
园地	平均值	0.58	19.12	117.55	58.62	0.68	35.27	35.70	56.16	0.01	0.03
	最小值	0.03	0.05	26.11	5.50	0.03	1.80	8.10	10.39	未检出	未检出
	最大值	9.95	328.00	480.19	150.80	12.66	175.00	101.30	360.00	0.05	0.17
	标准差	1.46	52.05	95.65	29.70	2.25	26.42	20.41	69.23	0.02	0.05
林地	平均值	0.94	18.63	76.49	76.63	0.26	28.56	37.65	35.81	0.01	0.00
	最小值	0.07	1.37	22.66	9.24	0.02	2.30	5.99	9.05	0.00	0.00
	最大值	6.06	92.45	214.70	315.00	1.51	168.64	129.93	132.27	0.02	0.01
	标准差	1.63	30.69	41.22	82.54	0.47	32.54	39.58	32.56	0.01	0.00
草地	平均值	0.75	9.47	89.24	32.30	0.10	28.96	16.99	20.25	0.003	0.001
	最小值	0.01	3.21	27.10	5.33	0.02	13.80	5.19	3.16	未检出	未检出
	最大值	3.28	19.43	218.32	59.26	0.40	73.74	25.20	28.50	0.021 8	0.007 4
	标准差	1.42	6.00	62.06	19.00	0.15	22.49	10.48	8.08	0.007	0.002

农用地（包括耕地、园地、林地和草地）中 Cd、As、Zn、Cr、Hg、Cu、Ni、Pb、六六六和 DDT 的浓度分别为 0.69 mg/kg、13.99 mg/kg、149.00 mg/kg、61.66 mg/kg、0.27 mg/kg、32.03 mg/kg、31.60 mg/kg、44.20 mg/kg、0.004 mg/kg 和 0.004 mg/kg，与《土壤环境质量标准》（GB 15618—1995）（已废止）二级标准相比，只有 Cd 的平均浓度超标。表明我国农用地土壤总体形势良好，部分重金属元素出现超标现象。

不同土地利用方式下，重金属浓度具有明显差别。园地的污染情况较为严重，As、Cu、Hg、Pb 的平均浓度都在园地中最高；林地具有较高的 Cd、Cr 和 Ni 浓度；耕地具有较高的 Zn 浓度。六六六和 DDT 在耕地中平均浓度较高。

与全国土壤污染状况调查结果一致，污染类型以无机型为主，有机型次之。其中，镉是超标率最高的元素，其次是汞、锌、镍和砷。文献收集的超标率较全国土壤污染状况调查结果偏高，这可能与收集的样本数较全国土壤样本数少有关。

从不同土地利用方式来看，重金属超标率为园地>耕地>林地>草地，与全国土壤污染调查结果也基本一致，见表 2-12。全国土壤污染调查结果没有对耕地和园地进行区分，通过文献收集，结果表明，园地的重金属超标率高于其他土地利用方式，除了砷、铜和铅，其他重金属元素都在园地中超标率最高。除汞以外的污染物都是在草地中超标率最低。有机污染物的超标率相对较低，其中耕地的污染程度较其他土地利用类型高。

表 2-12　不同土地利用方式土壤中污染物超标率情况　　（单位：%）

	耕地	园地	林地	草地	农用地
Cd	30.47	42.86	21.05	11.11	29.63
As	4.72	9.09	10.00	0.00	3.88
Zn	4.08	9.62	3.70	0.00	4.52
Cr	0.97	1.92	0.00	0.00	0.86
Hg	3.19	32.35	18.18	11.11	8.47
Cu	1.96	1.72	3.70	0.00	2.72
Ni	2.00	19.35	12.50	0.00	7.14
Pb	0.72	3.33	3.57	0.00	1.40
六六六	0.00	0.00	0.00	0.00	0.00
DDT	9.09	0.00	0.00	0.00	1.54

不同重金属在不同土地利用类型中的分布规律不太一样。这主要和重金属的来源有关。园地和耕地污染情况相对较重，主要是由于其土地利用频率较其他土地利用方式高，农业投入品相对较多；同时，园地多处于近郊，受到包括工业、交通等其他人为来源的污染也相对较多。草地和林地受到人为干扰相对较少，部分超标元素主要源于地质背景。对于不

同土地利用类型造成的具体影响将在下一章节中详细分析。

从不同区域来看，中南和西南地区的无机污染物超标率明显高于其他区域，华东地区的有机污染物超标率较高，见表2-13、表2-14。西北地区出现的较高的Cd、Hg和Ni超标率可能在一定程度上源于该区域的大尺度调查结果较少，个别小尺度调查数据中明显的数据超标现象使该区域超标率较高。全国各区域调查都普遍存在镉超标；砷超标现象集中在中南、华东和西南地区；锌在除西北区域外的其他区域都具有不同程度的超标现象；铬超标主要在华东和中南区域；汞在除西南区域之外的其他区域都具有不同程度的超标现象；六六六和DDT超标现象主要出现在华东区域。

表2-13　不同区域土壤中的污染物浓度　（单位：mg/kg）

	华北	东北	华东	中南	西南	西北	全国
Cd	0.25	3.46	0.39	1.96	0.43	0.41	0.69
As	9.59	8.46	14.41	11.21	18.29	13.55	13.99
Zn	78.80	303.06	98.58	218.51	119.46	94.51	149
Cr	62.92	54.75	56.90	74.46	66.35	64.45	61.66
Hg	0.30	0.15	0.25	148.98	0.16	0.72	0.27
Cu	26.40	35.80	35.93	33.71	47.66	32.08	32.03
Ni	33.19	23.48	29.42	43.25	25.15	40.59	31.6
Pb	24.88	50.16	43.98	75.43	38.64	39.46	44.2
六六六	0.05	0.01	0.01	0.02	0.00	0.00	0.004
DDT	0.02	0.02	0.05	0.01	0.00	0.00	0.004

注：华北地区包括北京市、天津市、河北省、山西省、内蒙古自治区；东北地区包括辽宁省、吉林省、黑龙江省；华东地区包括上海市、江苏省、浙江省、安徽省、福建省、江西省、山东省；中南地区包括河南省、湖北省、湖南省、广东省、海南省、广西壮族自治区；西南地区包括重庆市、四川省、贵州省、云南省、西藏自治区；西北地区包括陕西省、甘肃省、青海省、宁夏回族自治区、新疆维吾尔自治区。未考察台湾、香港、澳门地区数据。

表2-14　不同区域土壤中的污染物超标率情况　（单位：%）

	华北	东北	华东	中南	西南	西北	全国
Cd	12.90	36.84	21.95	42.11	41.43	55.56	29.63
As	0.00	0.00	6.15	7.14	4.00	0.00	3.88
Zn	2.22	5.88	4.49	8.82	6.25	0.00	4.52
Cr	0.00	0.00	1.14	5.26	0.00	0.00	0.86
Hg	18.92	9.52	7.69	17.39	0.00	28.57	8.47
Cu	0.00	6.25	3.33	5.71	10.00	0.00	2.72
Ni	12.50	0.00	2.13	22.73	0.00	20.00	7.14
Pb	0.00	4.00	1.01	2.44	1.41	0.00	1.40

续表

	华北	东北	华东	中南	西南	西北	全国
六六六	0.00	0.00	3.23	0.00	0.00	0.00	0.00
DDT	0.00	0.00	3.45	0.00	0.00	0.00	1.54

注：华北地区包括北京市、天津市、河北省、山西省、内蒙古自治区；东北地区包括辽宁省、吉林省、黑龙江省；华东地区包括上海市、江苏省、浙江省、安徽省、福建省、江西省、山东省；中南地区包括河南省、湖北省、湖南省、广东省、海南省、广西壮族自治区；西南地区包括重庆市、四川省、贵州省、云南省、西藏自治区；西北地区包括陕西省、甘肃省、青海省、宁夏回族自治区、新疆维吾尔自治区。未考察台湾、香港、澳门地区数据。

2.2.3 高污染区域土壤的环境质量状况

在总体了解土壤环境质量的基础上，重点收集高污染区域土壤的环境质量状况文献。据文献调查和资料收集，城市周边农田土壤和矿区周边农田土壤是两类重金属污染较为突出的典型区域。

城市周边农田土壤中（表 2-15），陕西潼关、江苏南京、湖南株洲和辽宁沈阳农田土壤中 Pb 含量较高，南方地区土壤中 Pb 含量比北方地区高；湖南株洲和江苏南京土壤中 Zn 较高，其次是四川都江堰、河北清苑、陕西西安和新疆石河子；南方土壤中 Cd 含量比北方土壤高，尤其是湖南株洲和湖北大冶，Cd 含量分别是 4.27 mg/kg 和 2.36 mg/kg；江苏南京土壤 Cu 含量最高，达 248.1 mg/kg，江苏常州、四川都江堰和湖北大冶 Cu 含量分别为 127.03 mg/kg、162.18 mg/kg 和 122.12 mg/kg，其他地区土壤 Cu 含量低于 100 mg/kg；湖南株洲和四川都江堰农田土壤中 Cr 含量分别是 178 mg/kg 和 142.17 mg/kg，南北地区土壤 Cr 含量变化不大；湖南株洲农田土壤中 As 含量最高，达 38.7 mg/kg，其他农田土壤 As 含量变化不大；陕西潼关和西安农田土壤 Hg 含量较高，分别为 3.46 mg/kg 和 1.38 mg/kg，河北唐海农田土壤 Hg 含量最低，为 0.028 mg/kg；各地区农田土壤 Ni 含量变化不大，含量范围为 16.91～38.5 mg/kg。

矿区周边农田的重金属含量也较高，见表 2-16。辽宁葫芦岛市钼矿区周边农田土壤重金属含量最高，As、Cd、Cr、Cu、Hg、Ni、Pb 和 Zn 含量高达 33.11 mg/kg、10.45 mg/kg、3 353.60 mg/kg、968.82 mg/kg、12.19 mg/kg、1 556.80 mg/kg、459.94 mg/kg 和 2 407.10 mg/kg，明显高于辽宁省农田土壤背景值。湘中某冶炼区周边农田土壤 Zn 含量为 1 052.7 mg/kg，仅次于辽宁葫芦岛市钼矿区周边农田；湘中某冶炼区周边农田土壤 Pb 含量为 883.1 mg/kg，高于葫芦岛市钼矿区周边农田。不同类型的工业企业周边农田重金属含量不同，与其排放特征、土壤质量本底值等有关。

表 2-15 中国不同城市周边农村土壤重金属含量

（单位：mg/kg）

	点位数	As	Cd	Cr	Cu	Hg	Ni	Pb	Zn
黑龙江海伦	494	9.11±0.77	0.055±0.023	58.34±12.57	22.28±4.32	0.047±0.013	25.74±3.38	19.31±3.55	61.69±7.27
黑龙江集贤	156	—	—	47.6±3.2	16.9±1.5	0.05±0.01	—	18.7±1.5	—
黑龙江佳木斯	122	15.55±1.51	0.26±0.02	33.12±5.41	—	0.05±0.02	—	20.51±3.05	—
辽宁沈阳	25	11.96	0.88	96.2	43.7	0.52	—	102	52.7
辽宁阜新	180	4.83±1.01	—	—	16.06±2.04	—	22.05±1.36	—	45.76±1.30
甘肃兰州	42	17.33±10.92	—	—	41.63±6.67	—	—	37.44±37.72	69.58±10.60
新疆乌鲁木齐	103	7.44±0.70	0.53±0.82	72.51±25.33	—	0.07±0.04	—	24.83±35.69	—
新疆石河子	130	18.89±9.48	0.46±0.25	58.77±18.8	33.34±9.48	0.036±0.043	—	37.83±10.82	102.64±38.37
陕西西安	52	9.88±1.27	1.45±1.24	88.41±42.14	52.24±22.82	1.38±0.85	34.14±4.80	55.01±14.48	151.16±97.18
陕西宝鸡	34	—	—	94.0±13.3	30.4±0.8	—	38.0±0.9	27.9±1.5	80.1±3.7
陕北丘陵区	28	13.28±0.96	0.05±0.01	48.65±2.58	—	—	—	15.21±1.87	—
陕西潼关	49	—	1.04±0.91	—	—	3.46±3.71	—	234.75±196.65	—
山东泰安	110	—	0.091	60.04	25.24	0.338	37.89	15.34	65.56
山东阳谷	100	—	0.13±0.03	59.38±19.88	24.42±16.67	—	29.78±5.97	23.09±5.07	48.92±24.98
山东禹城	56	14.27±4.00	0.21±0.04	62.75±8.16	25.52±4.29	0.04±0.03	29.50±4.27	25.15±2.82	73.28±14.06
山西灵石	20	7.08±2.9	0.072±0.007	63.88±15.31	23.20±3.46	0.116±0.09	—	25.56±4.64	60.82±13.98
山西太谷	20	8.50±1.28	0.07±0.005	—	21.87±5.46	0.156±0.11	—	30.98±9.65	72.64±48.4
河南郑州	16	—	0.22±0.13	80.6±35.81	38.0±15.95	—	—	53.1±23.04	96.7±67.87
河北唐海	191	7.47	0.2	64.9	22.9	0.028	27.7	23	70.2
河北清苑	100	12.07±3.92	0.54±0.65	75.41±10.63	46.24±51.06	0.09±0.20	30.35±6.95	47.39±62.59	129.2±104.6
上海农田	102	9.21±3.35	0.18±0.05	69.40±8.85	—	0.13±0.08	—	21.60±3.03	—
江苏扬州	38	16.13±4.39	1.52±0.29	72.99±9.34	37.89±6.30	0.03±0.04	30.27±3.68	40.58±2.61	79.42±16.73

续表

	点位数	As	Cd	Cr	Cu	Hg	Ni	Pb	Zn
江苏南京	100	—	1.48±3.02	—	248.1±579.0	—	—	198.6±523.3	303.9±603.1
江苏常州	14	—	—	56.10±28.30	127.03±126.90	—	—	78.07±103.92	56.10±26.33
江苏常熟	241	8.39±2.00	0.14±0.11	52.46±18.73	29.51±17.96	0.40±0.38	—	41.28±21.94	88.72±50.25
江苏苏北	39	16.13±4.39	1.52±0.29	72.99±9.34	37.89±6.3	0.03±0.04	30.27±3.68	40.58±2.61	79.42±16.73
江苏扬中	60	10.2±1.3	0.3±0.1	77.2±6.8	33.9±5.9	0.2±0.1	38.5±4.4	35.7±3.8	98.1±10.5
湖南株洲	40	38.7	4.27	178	59.9	—	—	159	423
湖北大冶	28	—	2.36±0.98	22.22±6.12	122.12±303.99	—	27.84±8.04	53.60±21.40	89.66±21.40
广东东莞	118	10.13±2.14	0.1±1.77	35.07±2.00	19.38±1.67	0.24±2.16	16.91±1.98	62.36±1.46	53.97±1.87
浙江慈溪	227	—	0.15±0.04	—	33.95±26.58	—	—	28.06±9.48	88.91±27.97
浙江杭州	16	—	—	—	65.07	—	—	34.74	220.19
四川都江堰	32	—	0.75±0.11	142.17±8.33	162.18±19.05	—	—	85.97±2.83	170.38±1.86
海南岛	311	2.8±3.53	0.09±0.06	53.96±93.35	—	0.056±0.1	—	21.06±12.87	—

表 2-16　中国矿区周边农田重金属含量

（单位：mg/kg）

	点位数	As	Cd	Cr	Cu	Hg	Ni	Pb	Zn
陕西小秦岭金矿区周边农田	133	14.04±4.3	0.55±3.91	44.72±6.64	54.13±71.18	2.75±7.17	—	216.93±487.83	118.06±85.26
广东某硫化铜矿区周边农田	29	—	—	—	89.82	—	—	464.85	278.83
河南鹤壁煤矿周边农田	10	—	—	—	59.2±28.6	—	—	38.6±23.62	227.8±108.09
葫芦岛市钼矿区周边农田	20	33.11	10.45	3 353.60	968.82	12.19	1 556.80	459.94	2 407.10
湘中某冶炼区周边农田	201	—	16.1±17.3	—	—	—	—	883.1±991.4	1 052.7±839.8
重庆某电镀工业园周边农田	35	—	0.44±0.10	332.41±599.62	92.68±257.32	—	75.60±37.76	—	335.56±507.65
温岭电子垃圾拆解区土壤	18	—	0.9±0.51	25.64±14.01	91.05±67.24	—	—	124.74±77.41	—
宿州煤矿区周边农田	40	17.26±1.41	0.35±0.13	416.95±82.15	25.18±4.81	1.90±0.60	—	12.54±3.05	75.47±6.74
江苏某石化园周边土壤	200	6.83±1.97	1.02±0.38	49.02±10.4	46.45±14.41	0.53±0.31	23.34±6.81	28.22±11.12	57.22±16.66

2.3　影响农用地土壤环境质量的因素分析

我国农用地土壤污染表现出多源、复合、量大、面广、持久、毒害的现代环境污染特征，正从常量污染物转向微量持久性毒害污染物。土壤污染退化的总体趋势为从局部蔓延到区域，从城市郊区延伸到乡村，从单一污染扩展到复合污染，呈现点源与面源污染共存，生活污染、农业污染和工业污染叠加，各种新旧污染与二次污染相互复合或混合的态势。影响农用地土壤环境质量的因素包括自然因素和社会经济因素。

通过对污染物的相关性进行分析（表 2-17），Cd 与 Zn、Cu、Ni、Pb、HCH 和 DDT 多种污染物之间存在显著的相关性，Hg 与所有的污染物之间都没有显著的相关性，其他污染物都与一种或一种以上的污染物存在显著的相关性，相关性均为正相关。结果表明中国农用地土壤污染物具有复杂的来源。Hg 相对于其他污染物表现较独立。Cr、Zn、Ni 和 Cu 是受控于土壤化学元素背景值的元素组合，As、Cd 和 Pb 是受人为污染影响较强的元素，HCH 和 DDT 主要也来源于人为污染。通过主成分分析，发现两个主要特征值的贡献率之和达到 87.25%（即土壤污染信息的 87.25%可以被这两个主成分所说明）。这两个主成分可以分别被解释为自然因素和社会经济因素。

表 2-17　污染物相关性分析

	Cd	As	Zn	Cr	Hg	Cu	Ni	Pb	BHC
As	.072								
Zn	.765**	.189*							
Cr	−.066	−.005	.121						
Hg	−.007	−.014	−.002	.034					
Cu	.514**	.489**	.429**	.141	.118				
Ni	.269**	.094	.084	.752**	.105	.315**			
Pb	.343**	.368**	.812**	.037	.083	.385**	.099		
HCH	.641*	.498	.223	.379	−.223	.135	.504	.153	
DDT	.784**	.676*	.584	.518	−.194	.453	.612	.319	.202

注：**指在 0.01 水平（双侧）上显著相关；*指在 0.05 水平（双侧）上显著相关。

2.3.1　自然因素对农用地土壤环境质量的影响

影响农用地土壤环境质量的自然因素主要包括农用地自身自然属性及其所处自然环境，主要可分为局部气候差异、地形状况、土壤条件、水文状况这四类。根据本研究的资料收集和分析，影响农用地土壤环境质量的自然因素主要为土壤条件，具体主要是指土壤化学元素背景值，而土壤化学元素背景值又主要受区域位置和土壤类型影响。

由中国土壤环境背景值与土壤环境质量标准的比较（表 2-18）可以看出，As、Cd、Cr、

Cu、Hg、Ni、Pb 和 Zn 这八种元素在我国很少受人类活动影响和不受或未明显受现代工业污染与破坏的自然土壤上的含量分布范围较广，最高值都远超土壤环境质量二级标准。这表明，部分地区较高的土壤化学元素背景值可能是其土壤重金属超标的原因之一。

表 2-18　中国土壤环境背景值与土壤环境质量标准的比较　（单位：mg/kg）

	范围	中值	算数平均值	几何平均值	土壤环境质量二级标准（pH6.5～7.5）
As	0.01～626	9.6	11.2	9.2	30
Cd	0.004～13.4	0.079	0.097	0.074	0.3
Cr	2.20～1 209	57.3	61	53.9	300
Cu	0.33～272	20.7	22.6	20	100
Hg	0.001～45.9	0.038	0.065	0.04	0.3
Ni	0.06～627	24.9	26.9	23.4	40
Pb	0.68～1 143	23.5	26	23.6	300
Zn	2.6～593	68	74.2	67.7	200

数据来源：中国环境监测总站. 中国土壤元素背景值[M]. 北京：中国环境科学出版社，1990.

分析不同地区土壤环境背景值（表 2-19）可以看出，虽然各省市土壤 As 背景值都没有超过土壤环境质量二级标准，但多个省市出现个别点位 As 含量极高值，其中厦门、广东、广西、云南等地出现的最大 As 背景值比较高，最高达到 626 mg/kg，超过土壤环境质量二级标准近 20 倍。Cd 背景值极高的点出现在广西、湖北、贵州、湖南、云南，这几个区域的 Cd 背景值平均值也明显高于其他省份。Cr 背景值极高的点出现在西藏、湖南、广西、山西、云南。Cu 背景值极高的点出现在江西、云南、西藏、广西、湖北。Hg 背景值极高的点出现在江苏、云南、西藏、湖南、四川。Ni 背景值极高的点出现在西藏、云南、河北、湖南、广东。Pb 背景值极高的点出现在安徽、云南、江苏、温州、福建。Zn 背景值极高的点出现在广西、内蒙古、温州、河北、深圳。可以看出，广西、云南和湖南是三个背景值超标现象相对较为频繁的省份。

分析不同土壤类型环境背景值（表 2-20）可以看出，As 背景值较高的土壤类型主要为赤红壤、红壤、黄壤、石灰（岩）土和紫色土；Cd 背景值较高的土壤类型主要为石灰（岩）土、黄棕壤、红壤、黄壤和水稻土；Cr 背景值较高的土壤类型主要为红壤、石灰（岩）土、紫色土和砖红壤；Cu 背景值较高的土壤类型主要为棕壤、水稻土、巴嘎土、红壤和白浆土；Hg 背景值较高的土壤类型主要为黄棕壤、石灰（岩）土、水稻土、黑毡土和黄壤；Ni 背景值较高的土壤类型主要为褐土、红壤、棕壤、砖红壤和水稻土；Pb 背景值较高的土壤类型主要为红壤、盐土、赤红壤、黄棕壤和潮土；Zn 背景值较高的土壤类型主要为石灰（岩）土、灰色森林土、红壤、棕壤和盐土。可以看出，红壤、砖红壤和石灰（岩）土是几种重金属背景值较高的土壤类型。

表 2-19　不同地区土壤背景值比较

（单位：mg/kg）

地区	As		Cd		Cr		Cu		Hg		Ni		Pb		Zn	
	最小值	最大值	最小值	最大值	最小值	最大值	最小值	最大值	最小值	最大值	最小值	最大值	最小值	最大值	最小值	最大值
辽宁	0.6	57.8	0.001	0.412	2.4	251.2	2.8	47.5	0.004	0.135	4.4	97.5	4.8	66.0	7.0	170.0
河北	0.0	31.7	0.002	0.474	35.4	217	6.7	53.5	0.001	0.269	7.0	300.0	4.8	200.0	28.5	376.0
山东	2.8	18.6	0.021	0.204	18.6	245.7	1.0	118.0	0.004	0.204	2.5	156.4	4.7	81.4	14.6	197.0
江苏	0.0	20.3	0.008	2.470	22.8	275.6	6.4	102.0	0.032	45.900	7.0	142.0	8.0	415.0	14.0	361.0
浙江	0.5	46.2	0.004	0.220	7.3	313.2	2.2	71.7	0.011	1.223	2.9	83.0	11.6	41.9	7.6	216.0
福建	0.9	35.6	0.016	0.447	12.6	244	6.5	89.4	0.007	1.309	2.3	163.1	12.6	322.6	25.5	240.0
广东	1.8	309.2	0.004	2.286	3.4	350.4	0.3	98.7	0.010	1.120	0.1	200.7	0.7	163.0	3.4	277.5
广西	1.5	153.1	0.006	13.430	8.7	485	2.4	175.7	0.011	1.046	1.3	186.2	2.4	74.9	8.7	593.2
黑龙江	0.1	27.0	0.036	0.400	10.1	158.8	4.4	36.5	0.001	0.220	2.8	77.7	14.6	38.2	22.3	171.9
吉林	0.6	18.3	0.013	0.429	5.7	113.1	6.7	30.6	0.010	0.189	7.3	62.0	17.0	49.0	20.1	172.0
内蒙古	0.0	77.6	0.004	0.214	2.2	164.1	1.3	76.7	0.001	1.124	1.3	98.2	1.7	64.6	2.6	555.5
山西	1.1	25.8	0.031	0.358	30.2	455.9	7.5	58.1	0.003	0.261	8.4	55.6	4.3	29.0	31.5	138.9
河南	2.7	28.2	0.039	0.276	25	109.8	5.5	67.5	0.014	0.115	6.0	80.5	12.5	38.5	34.3	221.5
安徽	0.7	89.5	0.020	0.344	16	131	7.8	144.6	0.008	0.107	3.5	61.1	11.1	1 143.0	16.9	281.6
江西	1.1	77.2	0.006	1.010	8.2	140	5.0	272.0	0.006	0.360	2.7	46.3	10.3	99.0	19.0	158.0
湖北	2.2	40.0	0.016	8.220	25.9	242	11.7	174.0	0.007	0.280	9.0	94.3	14.1	97.4	27.3	283.0
湖南	2.5	18.0	0.002	4.500	8	519	2.5	118.4	0.002	6.000	1.0	264.0	6.0	234.0	20.8	320.0
陕西	6.3	21.0	0.031	0.279	22.6	96	6.8	43.6	0.002	0.148	10.6	56.3	13.7	34.5	27.5	145.0
四川	2.3	25.3	0.010	0.150	35.8	210.3	10.0	115.0	0.005	3.969	14.8	102.1	9.9	120.4	36.9	195.2

续表

地区	As		Cd		Cr		Cu		Hg		Ni		Pb		Zn	
	最小值	最大值	最小值	最大值	最小值	最大值	最小值	最大值	最小值	最大值	最小值	最大值	最小值	最大值	最小值	最大值
贵州	5.6	75.5	0.042	7.650	38.2	388.5	8.2	102.5	0.011	0.300	5.3	103.0	10.8	108.0	13.5	272.0
云南	1.0	133.8	0.009	3.409	13.7	426	6.2	208.9	0.010	22.670	4.5	315.0	9.5	490.0	14.0	281.0
宁夏	6.1	18.4	0.046	0.254	35	72.1	8.0	34.1	0.008	0.034	21.1	42.8	13.9	29.8	19.3	99.7
甘肃	3.6	36.2	0.037	0.236	16.2	168	13.2	43.5	0.001	0.130	12.9	113.4	4.9	28.3	40.4	134.0
青海	5.7	68.3	0.073	0.264	31.7	176.4	14.6	41.7	0.010	0.042	11.8	95.8	7.3	41.7	33.9	180.1
新疆	1.4	39.5	0.016	1.634	18.4	119.1	6.4	78.4	0.001	0.235	7.4	86.5	4.2	50.4	21.5	153.5
西藏	1.9	68.9	0.006	0.583	13.9	1 209.7	6.4	182.7	0.004	9.769	3.6	627.5	9.8	141.8	29.5	340.7
北京	4.0	14.1	0.005	0.339	50.6	163	15.0	101.0	0.020	1.480	17.0	48.9	10.0	46.0	48.2	226.0
天津	2.3	15.2	0.054	0.943	48.4	150.1	10.3	116.6	0.010	0.628	12.2	54.4	12.4	68.6	46.5	155.7
上海	6.5	13.3	0.052	0.331	37.3	87.9	13.5	43.7	0.031	0.181	12.2	44.5	11.9	34.2	38.9	131.6
大连	0.5	39.8	0.010	0.219	14.4	217.5	3.0	137.5	0.010	0.412	6.1	97.5	4.8	61.6	12.9	124.3
温州	1.7	46.2	0.010	0.496	16	100	4.0	50.0	0.017	0.721	2.0	50.0	13.4	363.0	28.0	493.0
厦门	0.8	626.0	0.005	0.410	9.4	71.9	1.6	51.3	0.011	0.633	1.8	32.7	12.7	286.5	9.9	168.4
深圳	0.0	77.7	0.006	0.359	5	105.8	2.1	61.5	0.017	0.632	2.1	47.9	3.4	193.0	8.5	366.0
宁波	1.4	19.1	0.010	0.427	10.8	190.4	3.2	59.9	0.025	1.231	14.6	68.1	12.9	80.2	28.5	344.0

数据来源：中国环境监测总站. 中国土壤元素背景值[M]. 北京：中国环境科学出版社，1990.

表2-20　不同土类背景值比较

（单位：mg/kg）

土类	As		Cd		Cr		Cu		Hg		Ni		Pb		Zn	
	最小值	最大值	最小值	最大值	最小值	最大值	最小值	最大值	最小值	最大值	最小值	最大值	最小值	最大值	最小值	最大值
绵土	6.0	15.6	0.006	0.249	31.3	103.0	14.1	50.3	0.005	0.055	15.4	51.0	12.6	22.9	35.5	115.2
娄土	6.2	15.2	0.064	0.253	50.6	76.8	18.3	32.1	0.016	0.148	24.6	38.4	13.6	31.6	55.3	98.0
黑垆土	1.6	18.4	0.031	0.176	22.6	71.0	7.5	39.3	0.006	0.261	8.4	41.3	12.7	24.2	27.5	85.7
黑土	3.3	17.9	0.004	0.165	22.1	77.7	11.6	29.6	0.012	0.220	16.4	37.0	8.1	47.0	39.5	85.3
白浆土	2.6	27.0	0.032	0.429	33.2	84.9	10.6	174.0	0.011	0.085	12.2	44.3	16.3	48.5	39.4	172.0
黑钙土	0.0	26.4	0.005	0.393	10.1	151.4	3.4	49.3	0.008	0.275	5.1	98.2	7.1	38.0	17.4	314.9
潮土	0.0	27.9	0.005	0.943	2.4	150.1	3.4	116.6	0.004	5.412	3.5	60.7	4.8	200.0	11.0	238.0
绿洲土	4.4	17.2	0.054	0.206	39.1	96.6	8.0	51.4	0.009	0.130	16.2	61.1	8.5	28.3	19.3	90.8
水稻土	0.0	53.4	0.008	3.000	5.1	324.3	2.8	208.9	0.014	22.200	1.8	184.0	6.5	123.0	8.5	272.0
砖红壤	1.8	31.8	0.004	0.680	7.6	350.4	2.0	98.7	0.010	1.120	2.2	200.7	3.9	75.0	7.3	176.0
赤红壤	0.1	626.0	0.005	0.505	5.0	220.0	2.0	98.3	0.007	1.309	0.8	163.1	2.6	286.5	5.6	335.7
红壤	0.5	309.0	0.002	4.500	6.5	519.0	1.0	177.0	0.010	1.710	2.0	315.0	6.0	1 143.0	7.6	493.0
黄壤	1.2	178.7	0.005	4.500	6.7	313.2	2.4	79.9	0.010	6.000	2.7	90.1	3.9	193.0	13.2	212.0
燥红土	1.0	68.3	0.009	0.560	14.0	115.0	3.4	118.0	0.013	0.056	2.1	71.5	17.7	74.0	11.1	161.0
黄棕壤	0.7	89.5	0.008	8.220	8.0	275.6	5.0	144.6	0.002	45.900	1.0	142.0	11.1	234.0	22.9	283.0
棕壤	1.0	77.2	0.001	0.485	16.3	245.7	1.0	272.0	0.004	0.539	2.5	300.0	4.7	98.3	2.6	376.0
褐土	0.0	65.0	0.002	0.583	7.3	209.7	5.8	115.0	0.001	3.969	9.0	627.5	4.3	141.8	12.0	340.7
灰褐土	8.0	19.3	0.006	0.301	43.6	164.1	14.6	38.7	0.013	0.235	17.8	49.4	17.9	25.9	40.6	145.0
暗棕壤	0.8	25.8	0.015	0.380	17.1	158.8	5.6	62.0	0.001	0.190	3.8	77.7	7.0	49.0	26.9	165.6
棕色针叶林土	0.1	77.6	0.024	0.400	16.1	97.5	6.3	33.5	0.003	0.189	2.8	39.5	8.1	38.2	36.4	171.9
灰色森林土	0.3	27.1	0.019	0.174	13.9	104.7	6.1	26.0	0.006	1.124	3.3	40.9	7.5	35.8	12.8	555.5

续表

土类	As		Cd		Cr		Cu		Hg		Ni		Pb		Zn	
	最小值	最大值	最小值	最大值	最小值	最大值	最小值	最大值	最小值	最大值	最小值	最大值	最小值	最大值	最小值	最大值
栗钙土	1.4	35.2	0.002	0.303	15.1	176.4	5.5	53.7	0.001	0.242	4.2	95.8	1.7	150.0	4.0	222.0
棕钙土	3.2	30.3	0.005	0.589	21.7	74.6	7.0	76.7	0.004	0.047	9.6	37.6	4.9	62.5	7.2	139.4
灰钙土	4.0	15.7	0.026	0.172	29.7	72.1	8.1	24.5	0.009	0.037	12.9	81.8	13.7	24.1	13.4	141.3
灰漠土	3.9	15.8	0.005	0.175	25.0	96.6	9.4	32.7	0.003	0.023	8.1	37.3	11.3	34.0	26.7	102.2
灰棕漠土	4.2	36.2	0.005	0.257	21.1	168.0	10.3	56.9	0.001	0.090	12.9	113.4	6.0	27.8	33.1	105.2
棕漠土	3.6	18.1	0.031	0.824	16.2	102.2	11.3	47.8	0.002	0.045	10.6	42.0	4.9	30.4	38.9	153.5
草甸土	0.4	65.2	0.005	0.300	10.4	111.7	2.5	137.5	0.003	0.412	1.0	56.6	4.9	77.0	15.5	288.3
沼泽土	0.5	46.4	0.005	1.634	7.2	166.0	2.6	51.7	0.007	0.300	3.7	64.8	7.3	43.2	14.4	204.0
盐土	0.0	51.9	0.002	2.470	8.1	133.0	0.3	78.4	0.001	0.298	0.1	50.0	1.0	415.0	3.4	361.0
碱土	7.4	14.9	0.034	0.178	25.5	59.4	11.1	34.1	0.012	0.065	4.3	42.8	13.0	25.5	34.3	86.0
磷质石灰土	1.8	4.0	0.027	2.286	3.4	21.4	0.4	71.7	0.010	0.113	0.1	41.4	0.7	4.7	3.4	49.0
石灰（岩）土	7.0	158.6	0.003	13.430	20.0	485.0	5.7	94.5	0.019	22.670	4.4	149.0	2.4	116.0	14.1	593.2
紫色土	1.1	111.5	0.010	0.710	29.0	388.5	5.0	102.5	0.002	0.652	6.8	102.1	11.2	74.0	19.0	181.0
风沙土	0.1	9.3	0.005	0.127	2.2	67.7	1.3	21.8	0.001	0.116	1.3	26.9	4.2	32.4	5.4	120.3
黑毡土	4.8	35.9	0.017	0.251	27.7	152.0	6.4	89.0	0.010	9.769	9.1	51.0	10.8	89.1	30.3	144.4
草毡土	5.9	45.1	0.040	0.257	32.9	164.4	6.5	57.1	0.004	0.061	7.8	76.9	9.9	65.6	31.8	118.9
巴嘎土	6.8	68.9	0.016	0.560	24.2	194.5	7.2	182.7	0.004	0.053	7.5	92.8	9.8	41.3	39.7	135.3
莎嘎土	4.0	68.3	0.006	0.294	23.4	316.0	6.8	50.2	0.004	0.057	3.6	154.6	12.1	56.1	35.9	180.1
寒漠土	9.4	23.2	0.064	0.102	22.3	89.1	16.0	36.8	0.012	0.025	11.7	48.5	31.7	47.9	81.3	108.7
高山漠土	8.6	32.1	0.044	0.326	27.5	107.0	13.4	48.2	0.004	0.072	17.0	69.2	15.1	50.4	47.8	131.1

数据来源：中国环境监测总站. 中国土壤元素背景值[M]. 北京：中国环境科学出版社，1990.

结合考虑不同地区和不同土类土壤背景值特征可以看出，背景值超标比例较大的土壤类型正是背景值超标比例较大的省份的主要土壤类型，广西、云南正是砖红壤、红壤分布较为广泛的区域。因此，土壤背景值在中国不同地区的差异性分布主要源于土壤类型的差异。由于土壤发育的不同，导致成土母质中的重金属不同程度地残留在土壤中，从而导致部分地区，如广西、云南等地的土壤中重金属背景值较高，甚至超过土壤环境质量二级标准几十倍。

由于目前的土壤环境质量标准并没有将背景值高的土壤单独考虑，重金属背景值大于土壤环境质量标准的土壤同样也被认为是重金属超标土壤。因此，较高的背景值可能是部分地区土壤重金属含量超标的原因之一。

2.3.2　社会经济因素对农用地土壤环境质量的影响

影响农用地土壤环境质量的社会经济因素主要包括区域污染源分布、区域大气环境质量和水环境质量、土地利用状况、主要农作物种植情况、农用化学品投入情况等。根据本研究资料收集和分析，对农用地土壤环境质量影响最大的社会经济因素主要为土地利用状况、区域污染源分布和区域水环境质量。

2.3.2.1　土地利用状况

根据调查结果，不同土地利用类型上的污染物超标情况差异较大。通过因素分析表明，土地利用类型显著影响农用地土壤环境质量（$p<0.05$）。

重金属超标率为园地>耕地>林地>草地，与全国土壤污染调查结果基本一致。园地的重金属超标率高于其他土地利用方式，除了砷、铜和铅，其他重金属元素都在园地中超标率最高。园地的重金属超标率较高可能与其相对较多的农业投入品（包括农药、化肥等）和较密集的耕作制度有关。据文献报道，磷肥施用是土壤镉污染的主要来源之一。磷肥中普遍存在较高浓度的镉，普通磷肥的镉含量一般在 5～50 mg/kg，高的可以达到 200 mg/kg。草地相对较轻的污染水平与其处于相对较为自然的状态有关。

有机污染物主要出现在耕地中。含有 DDT、六六六等高毒性有机污染物的农药已经被禁止使用，但由于该类农药的高残留性，禁止前所施用的农药残留是土壤 DDT、六六六污染的一个重要来源。历史上大量使用六六六作为种子消毒剂等，可能是六六六大量残留的另外一个重要原因。

2.3.2.2　区域污染源分布

我国土壤污染主要来自重金属、工业“三废”和石油污染，占总污染土壤的比例分别为 49.57%、24.78%和 12.39%（表 2-21）。污水灌溉、矿区和固体废物也都是不可忽视的污染源。

表 2-21　我国不同类型污染土壤面积统计结果

污染源	被污染土壤面积/万 hm^2	所占比例/%
重金属污染	2 000	49.57
工业“三废”污染	1 000	24.78

续表

污染源	被污染土壤面积/万 hm^2	所占比例/%
石油污染	500	12.39
污水灌溉污染	330	8.18
矿区污染	200	4.96
固体废物污染	5	0.12
合计	4 035	100

数据来源：杨景辉. 土壤污染与防治[M]. 北京：科学出版社，1995.

全国范围内，由于污染源的复杂性，比较难观察到污染源分布与污染现状的相关关系。在更小一点的区域尺度上，可以观察到污染源分布是一个影响农用地土壤环境质量的重要因素。

以湖南省常德市为例，根据调查结果分析，常德市土壤环境质量整体良好，但局部地区污染严重，工矿业废弃地土壤环境问题突出。工矿业、农业等人为活动是造成土壤污染的主要原因。从污染分布来看，常德市土壤污染分布具有两个明显的热点，分别是砷污染聚集区和洞庭湖有机污染区，而这与污染源的分布是完全一致的。砷污染集中分布在石门和临澧、桃源的西北部，主要来自于雄黄矿的开采，程度较深，并且污染土壤成为下游饮用水的污染源。而洞庭湖区的 Cd—DDT—六六六复合污染主要由于农业投入品、集中分布的畜禽养殖业以及血吸虫病的防控，导致洞庭湖区出现较为严重的 Cd—六六六—DDT 复合污染。污染物的分布与区域污染源呈现紧密的相关性。

2.3.2.3 区域水环境质量

由于缺乏全国范围内的水环境质量数据，难以对全国范围内土壤和水环境质量数据进行比对。但从区域尺度上来看，多个区域表现出土壤和水环境质量的高度相关性。

以广西壮族自治区大环江流域为例，根据中科院地理所对环江流域的水质情况进行的调查，出现水质超标的样点均临近采矿活动区域的污染源，北山矿区、雅脉炼钢厂、恒昌选场是主要的污染排放企业，主要污染物为 As、Pb 和 Cd。在距污染源一定距离的地方，由于河流的自净作用，河水 As、Pb、Cd 含量均在国家相关标准范围内。与水环境质量完全一致，上游土壤中的铅、锌、镉、铜、砷的超标率均超过了 50%，综合污染指数为 5.03，达到了重度污染水平；中游土壤样品的铅、锌、镉、铜、砷的超标率均超过了 30%，除锌的污染为重度水平外，其余介于轻度与中度污染之间，其综合污染指数为 2.24，达中度污染水平；下游土壤的重金属超标率较低，除铅、锌为轻度污染外，镉、铜、砷处于尚清洁水平。土壤污染和水污染互为因果，严重威胁着周边居民健康。

2.4　我国土壤环境保护发展过程及存在的问题

2.4.1　我国土壤环境保护发展情况

自中华人民共和国成立以来，我国土壤环境保护工作大致可以分为以下四个阶段，见图 2-1。

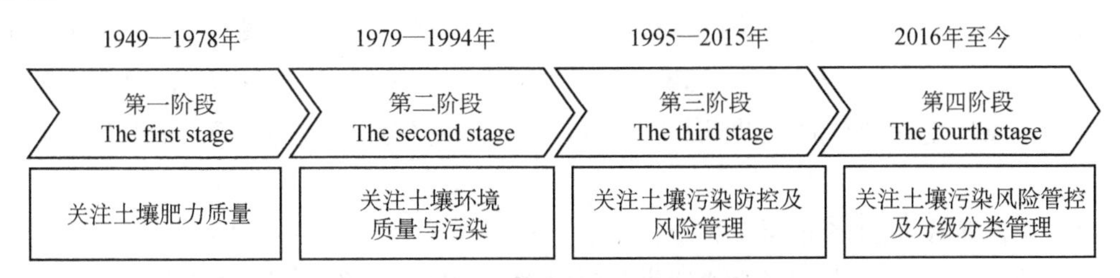

图 2-1　我国土壤环境保护发展阶段示意图

（1）第一阶段（1949—1978 年）

中华人民共和国成立后，人口的增长对粮食生产提出了严峻挑战，提高土壤肥力、增加粮食产量是该阶段我国土壤环境的关注重点。20 世纪 60 年代开始，我国开始大量生产使用有机氯农药，随着化肥和农药的使用，20 世纪 70 年代初，我国的土壤环境问题开始受到关注。1973 年，我国召开了第一次全国环境保护会议，以世界公害为警示，提出了我国存在的环境问题。1974 年 10 月才成立国务院环境保护领导小组。随后，我国逐步开展了全国重点区域污染源调查、环境质量评价及污染治理等研究工作，并形成了初步的环境管理制度。但该阶段涉及的环境问题主要为大气和水体污染，土壤污染并未受到应有的重视。

（2）第二阶段（1979—1994 年）

改革开放以来，随着经济、社会的迅速发展，我国的土壤环境保护事业也进入了一个改革创新的新时期。土壤污染问题受到越来越多的关注，同时，我国的环境保护政策和法律法规体系也初步形成。我国最早涉及保护土壤、防治土壤污染的法律是 1979 年颁布的《中华人民共和国环境保护法（试行）》。1982 年《中华人民共和国宪法》、1986 年的《中华人民共和国土地管理法》均涉及合理利用土地的相关规定。1989 年发布的《中华人民共和国环境保护法》中明确提出了防治土壤污染的相关规定。我国的土壤问题开始受到关注。管理机构的设置上也从 1982 年组建的城乡建设环境保护部（内设环境保护局）逐步到 1988 年独立的国家环境保护局。

（3）第三阶段（1995—2015 年）

1995 年我国出台了《土壤环境质量标准》（GB 15618—1995），该标准在我国土壤环境保护和环境管理上发挥了重要作用。1996 年召开了第四次全国环境保护会议，提出要大力建设农业系统各类保护区，积极防治农药和化肥污染。2004 年颁布实施《土壤环境监测技术规范》（HJ/T 166—2004）。2005 年国务院发布《国务院关于落实科学发展观 加强环境保护的决定》，明确要求“以防治土壤污染为重点，加强农村环境保护”。2006 年，国家环境保护总局会同国土资源部开展了全国土壤现状调查及污染防治专项工作，通过大量工作，初步掌握全国范围的土壤污染现状，于 2014 年国家发布《全国土壤污染状况调查公报》，调查结果表明我国耕地土壤环境质量堪忧。2015 年农业部制定了《到 2020 年化肥使用量零增长行动方案》和《到 2020 年农药使用量零增长行动方案》，积极探索产出高效、产品安全、资源节约、环境友好的现代农业发展之路。同年，农业部印发《耕地质量保护与提升行动方案》，以新建成的高标准农田、耕地退化污染重点区域和占补平衡补充耕地为重点，开展退化耕地综合治理、土壤肥力保护提升、污染耕地阻控修复。管理机构在 1998 年升格为国家环境保护总局（正部级），2008 年再次升格为环境保护部，成为国务院组成部门。

（4）第四阶段（2016 年至今）

2016 年 5 月国务院发布《土壤污染防治行动计划》（简称“土十条”），标志着我国土壤污染防治进入新阶段。此后在“土十条”的要求下，密集出台了土壤污染防治相关法律法规、部门规章、标准、技术导则等。2017 年《农用地土壤环境管理办法（试行）》发布，自此我国农用地管理以该管理办法建立的管理流程为框架，针对管理流程的每个步骤中不同的管理内容，逐步分别制订系列的技术文件。2018 年第十三届全国人民代表大会批准设立生态环境部，新组建的生态环境部整合了分散的生态环境保护职责，统一行使生态和城乡各类污染排放监管与行政执法职责，统一负责生态环境监测和执法工作，进一步提高了生态环境领域国家治理体系和治理能力现代化的水平。2018 年《土壤环境质量 农用地土壤污染风险管控标准（试行）》（GB 15618—2018）发布，替代了 1995 年版的《土壤环境质量标准》。新版的农用地土壤风险管控标准遵循风险管控的思路，提出了风险筛选值和风险管制值的概念，更符合土壤环境管理的内在规律，更能科学合理指导农用地安全利用，保障农产品质量安全。2018 年《土壤污染防治法》正式颁布，是我国第一部专门针对土壤污染防治领域的专项法律，提出了土壤污染风险管控和修复责任制度、农用地分类管理制度、土壤污染防治的保障和监督管理制度等一系列新制度以完善当前的土壤环境质量管理，填补了我国土壤环境管理法律的空白，在我国环境保护史上具有重大意义。

2.4.2 我国农用地土壤环境保护中存在的问题

我国土壤污染总体形势相当严峻，面对土壤污染程度加剧、土壤污染危害巨大和土壤污染防治基础薄弱等问题，我国农用地环境保护工作中仍存在制度不完善、监管能力弱、标准体系不完整、修复技术薄弱和资金不充足等问题。

（1）有关农用地土壤环境的法律法规

2018 年前我国缺少土壤污染防治的专门法律，部分措施分散规定在有关环境保护、固体废物、土地管理、农产品质量安全等法律中。土壤污染防治的标准体系不健全，要求不明确，责任不清晰，监管部门缺少有效的法律依据。由于土壤污染具有隐蔽性、滞后性，以及治理难、周期长等特点，加之历史遗留问题多，土壤污染防治的法律不明确，责任追究和费用追偿制度尚未形成。

2018 年颁布、2019 年实施的《土壤污染防治法》，不仅明确了各方责任，规范了土壤污染防治行为，合理有效地解决和分配防治费用，还要求增强人民群众防治土壤污染的意识，调动各方面的积极性，最大程度地减少土壤污染，保障农产品安全和公众健康，具有十分重要的意义。

（2）风险评价和风险管理体系有待进一步完善

目前，我国土壤环境监管措施不完善，对土壤污染的历史和污染现状不明，土壤污染物（特别是有机污染物）的种类不清，对污染物的环境行为和危害的科学认识不够；土壤污染监测体系不完善，缺乏污染场地信息管理系统；土壤环境管理中缺少完善的风险评价和风险管理体系。

（3）污染土壤修复技术支撑能力不强

我国的土壤污染治理技术尚不成熟，尤其农用地土壤修复要兼顾土壤资源的可持续生产力，并非单纯去除污染物的考量。当前的土壤污染治理措施代价较高，净化周期长，而且效果不够稳定。现有的各种修复技术存在许多难以解决的问题，缺乏针对不同类型污染土壤的经济技术可行的成熟修复技术。“土十条”发布后启动的土壤污染修复试点工作，取得一些经验，但远不能满足当前土壤污染防治的需要，土壤污染治理修复任重道远。

（4）污染土壤修复治理资金来源有限

污染土壤的修复治理需要全面考虑受污染土壤及地下水的治理，资金需求巨大。当前我国污染土壤调查评估与治理修复工作的资金一般来自政府相关部门和土地开发商，资金来源有限且没有保障，修复治理工作难以开展，资金问题成为很多污染地块再开发的主要障碍。

第 3 章　农用地土壤环境质量调查和布点方法研究

土壤环境质量调查布点必须有代表性，能正确客观地反映区域土壤环境质量状况，又要尽量用最少的采样点、最小的调查成本。所以，土壤调查布点的方式方法对土壤环境质量调查工作的进展及结果的表达影响重大。

3.1　土壤采样分析及土壤采样布点所需辅助数据的获取

以南京市六合区为研究区域，根据六合区土壤类型、地形、土地利用方式特点等，同时兼顾土壤样点空间分布的相对均匀性，本项目共采集农田土壤耕层样品 259 个、工业聚集区表层样品 34 个、山区不同海拔和坡度土壤样品 25 个，总计采集土壤样品 318 个，每个土壤采样点位置均采用 GPS 进行定位并记录了采样点相关环境信息。土壤样品的分析项目主要包括 Cu、Zn、Pb、Cr、Ni 五种重金属含量，土壤采样点及重金属含量测定结果的分布如图 3-1 所示。

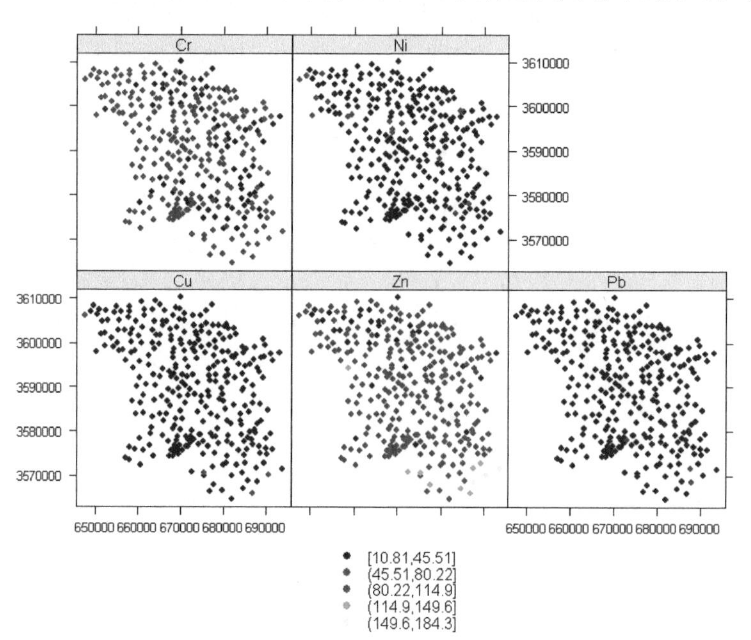

图 3-1　南京市六合区土壤采样点及重金属含量分布

研究中采用环境辅助数据作为采样设计的先验信息，主要为可能直接或间接影响目标土壤性质（重金属含量）的环境因子数据，包括：基于六合区 1∶5 万地形图等高线、高程控制点、面状及线状水系等建立的 30 m 分辨率的数字高程模型（Digital Elevation Model，DEM），以该 DEM 为基础数据，计算了该区的主要地形因子，如高程、坡度、平面曲率（PLANC）、剖面曲率（PROFC）、复合地形及湿度指数（CTI），从该区主要地形因子的空间分布（图 3-2）来看，高程、坡度及 CTI 具有一定的空间分异性，而平面/坡面曲率则变异性极弱。同时，采用六合区小麦抽穗期（2006 年 5 月 20 日）的 LANDSAT TM 影像计算了该区的归一化植被覆盖指数 NDVI（Normalized Difference Vegetation Index），并基于 2006 年 4 月 2 日小麦播种前的 TM 影像，采用监督分类方法获取了该区的土地利用图作为土壤采样设计的辅助数据，研究中还采用了该区的土壤母质图作为潜在的采样设计先验信息（图 3-2）。

对于六合区小麦抽穗期（2006 年 5 月 20 日）的 LANDSAT TM 影像，进一步通过 *k-t* 变换使植被与土壤的光谱特性分离（图 3-3）。植被生长过程的光谱图形呈所谓的“穗帽”状，而土壤光谱构成一条土壤亮度线，土壤的含水量、有机质含量、粒度大小、矿物成分、表面粗糙度等特征的光谱变化沿土壤亮度线方向产生。*k-t* 变换后得到的第一个分量表示土壤亮度，第二个分量表示绿度，第三个分量表示湿度。这 3 个先验信息也作为土壤采样设计的辅助数据。

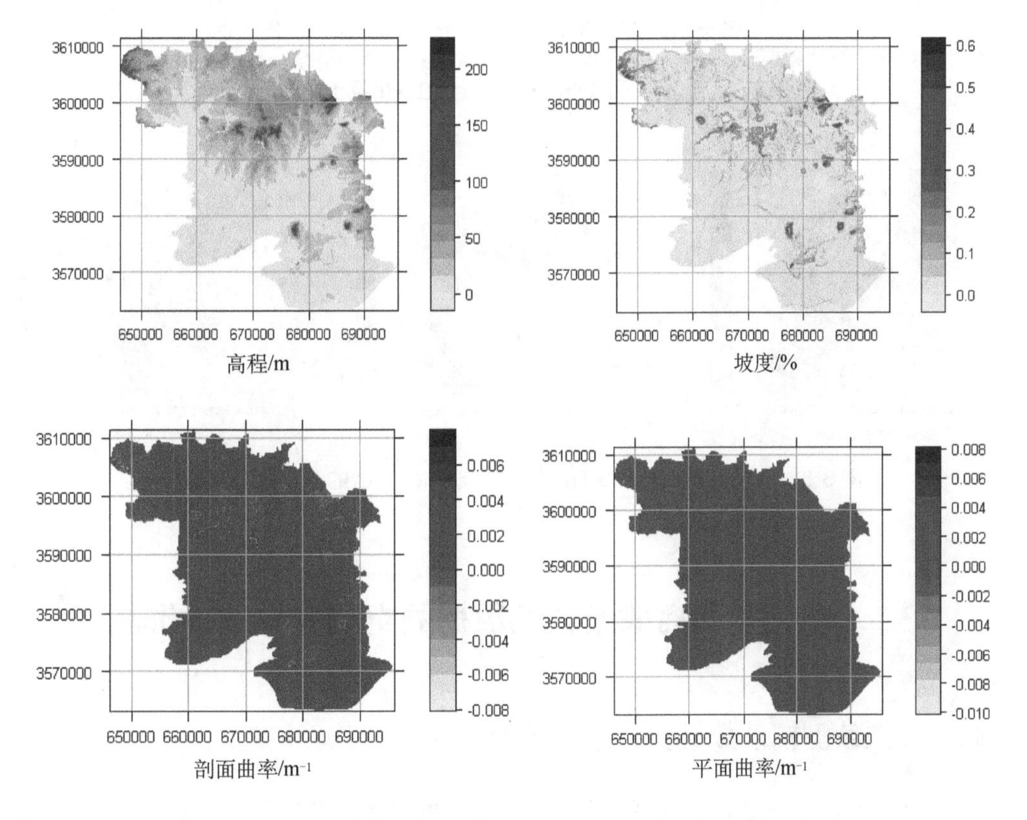

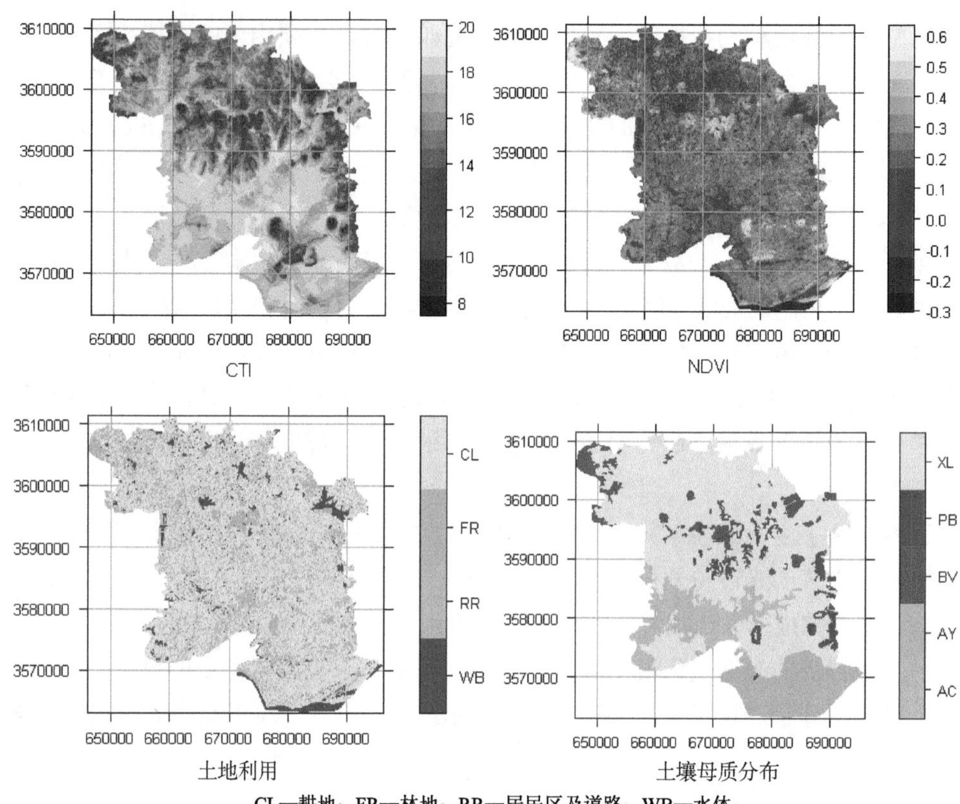

CL—耕地；FR—林地；RR—居民区及道路；WB—水体；

XL—下蜀黄土；PB—古砾石层；BV—玄武岩；AY—现代长江冲积物；AC—滁河冲积物

图 3-2 六合区地形因子、NDVI、土地利用及土壤母质分布

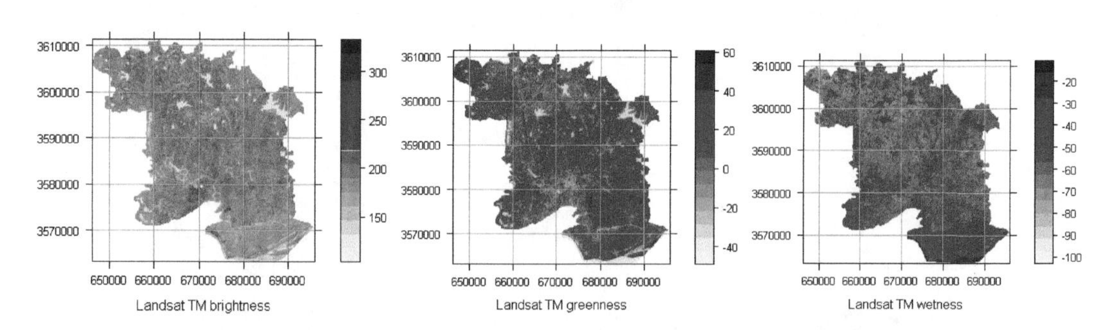

图 3-3 六合区 Landsat 5 TM 影像 7 波段 *k-t* 变换的 3 个主成分分布

3.2 连续型和离散型辅助数据的空间变异结构推断

3.2.1 连续型辅助数据变异结构推断

本书中地形因子、NDVI、绿度、土壤亮度、湿度等连续型先验信息数据采用常规的半方差函数计算方法推断变异结构。从连续型辅助数据的变异结构推断结果（表 3-1）来看，平面曲率和剖面曲率基本表现为纯块金效应，空间表现为随机性，因此这 2 个先验信息在采样设计过程中首先被剔除。DEM 高程和坡度的变异尺度为 6 km 左右，平均变异结构为：0.18+0.73exp（6 200）；而 CTI、NDVI、土壤亮度、绿度和湿度的变异性则较强，变异尺度为 2 km 左右，平均变异结构为：0.09+0.80exp（2 200）。

表 3-1　土壤采样设计的连续型辅助数据的空间变异结构的拟合参数

	模型	块金 C_0	基台 Partial sill	变程/m
高程	Exp	0.052	0.865	5 519
坡度	Exp	0.312	0.593	6 912
平面曲率	Exp	0.938	0.030	6 912
剖面曲率	Exp	0.941	0.038	6 912
CTI	Exp	0.070	0.857	2 360
NDVI	Exp	0.119	0.792	1 773
亮度	Exp	0.070	0.812	1 887
绿度	Exp	0.107	0.806	1 706
土壤湿度	Exp	0.086	0.725	3 186

3.2.2　离散型辅助数据提取及变异结构推断

本书离散先验信息的获取中，首先对所有的连续型和离散型辅助数据进行了主成分分析（Principal Component Analysis，PCA），以便降低数据维数，在 PCA 过程中，对于离散型变量（土壤母质及土地利用类型）首先进行 0-1 两值变换，再加上所有连续型辅助数据，共 18 个变量，采用 PCA 方法并进行因子旋转，共可以提取标准差>1 的前 8 个主成分（表 3-2）作为获取离散型分类先验信息的基础数据。

表 3-2　连续型及离散型辅助数据的主成分分析结果

	PC1	PC2	PC3	PC4	PC5	PC6	PC7	PC8
标准差	2.095	1.672	1.415	1.281	1.092	1.085	1.046	1.002
方差比例	0.244	0.155	0.111	0.091	0.066	0.065	0.061	0.056
累积贡献	0.244	0.399	0.511	0.602	0.668	0.733	0.794	0.850

从 PCA 的结果来看，8 个主成分反映了全部辅助数据 85%的信息，而 8 个主成分的空间分布结果（图 3-4）则表明，这 8 个主成分反映了六合区的所有地形、光谱及土壤母质等空间分布信息，可以作为采样设计的基本先验信息。

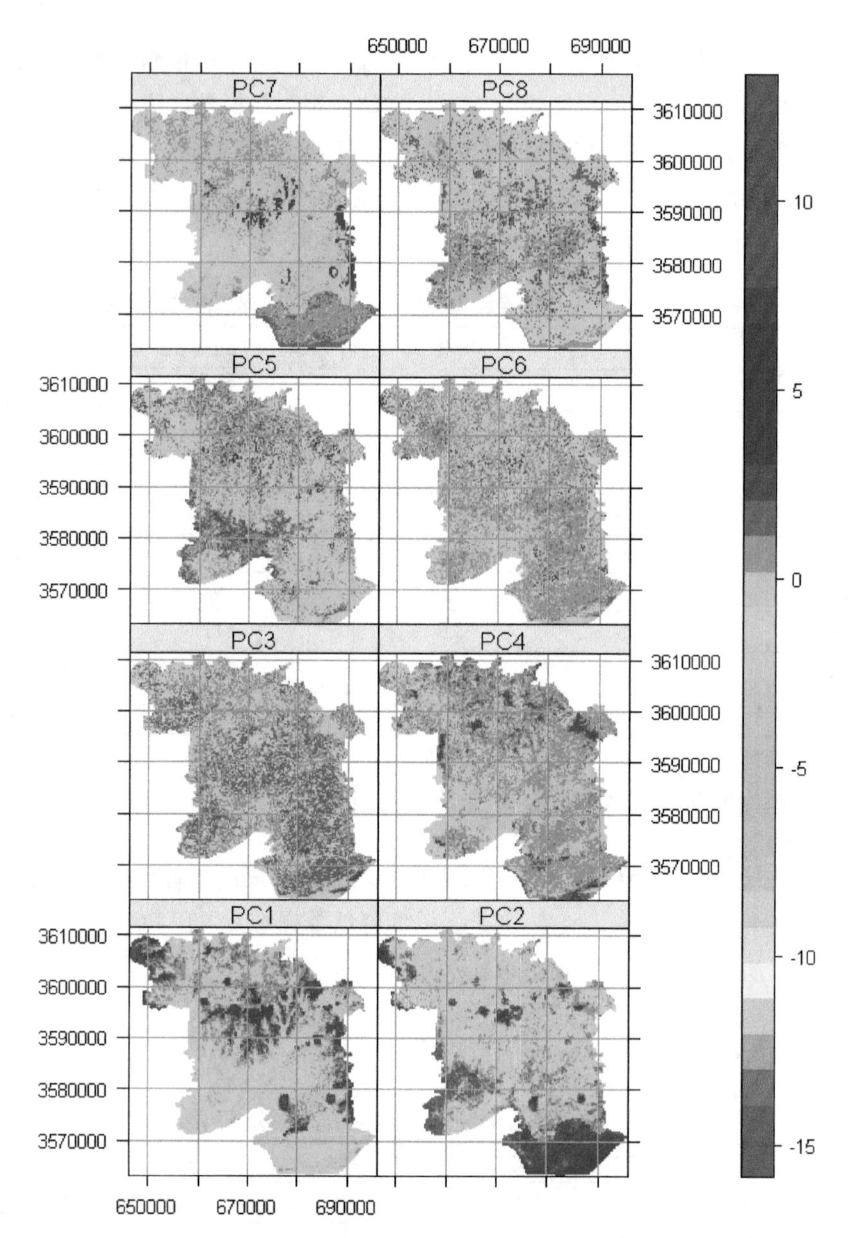

图 3-4 六合区 18 种辅助数据的前 8 个主成分的空间分布

为了获得六合区土壤采样设计的均质单元，对于图 3-4 的辅助数据主成分空间分布结果，本研究进一步采用模糊 c 均值聚类方法，将辅助数据的主成分划分为 10 个类别（图 3-5），将这 10 个类别分布图作为采样设计过程中的离散型先验信息。

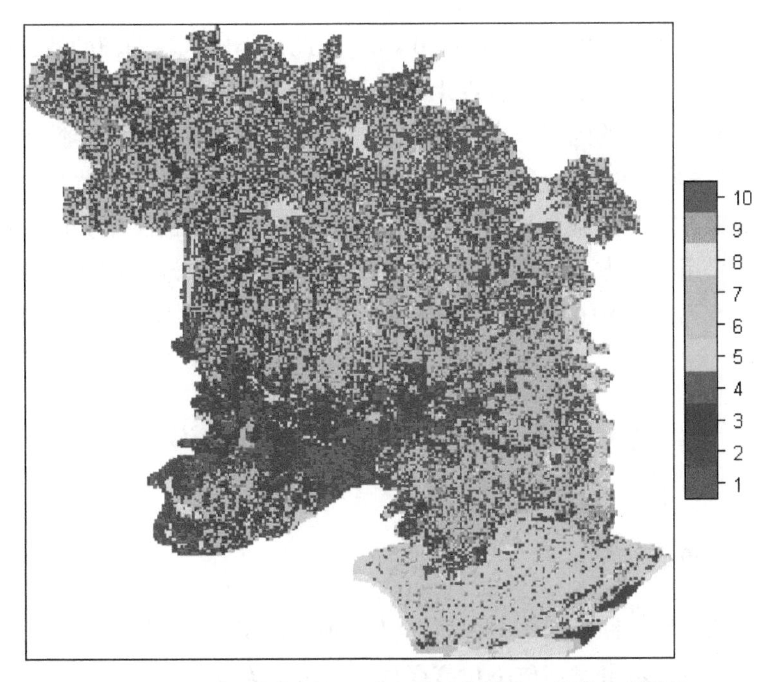

图 3-5　六合区辅助数据 8 个主成分的模糊 c 均值聚类分布

对于离散型辅助数据的空间变异结构，本研究中采用如下公式计算：

$$\hat{p}(h)=\frac{1}{N(h)}\sum_{i=1}^{N(h)}\Psi[S(x_i)\neq S(x_i+h)]$$

式中，x_i为抽样点 i 的位置；h 为距离矢量；$\hat{p}(h)$ 为距离矢量 h 划分的抽样点对中属于两个不同类别的比例；$\Psi[S(x_i)\neq S(x_i+h)]$ 由指示函数定义，即对于距离为 h 的两个样点，如果分属不同的类别，则 $\Psi[S(x_i)\neq S(x_i+h)]=1$，否则，$\Psi[S(x_i)\neq S(x_i+h)]=0$。采用该计算方法，推断的类别辅助数据的变异结构为 0.77+0.13sph（20 000），该变异结构特点表明，土壤母质等离散型辅助数据主要反映了六合区相对较大尺度的变异性（图 3-6）。

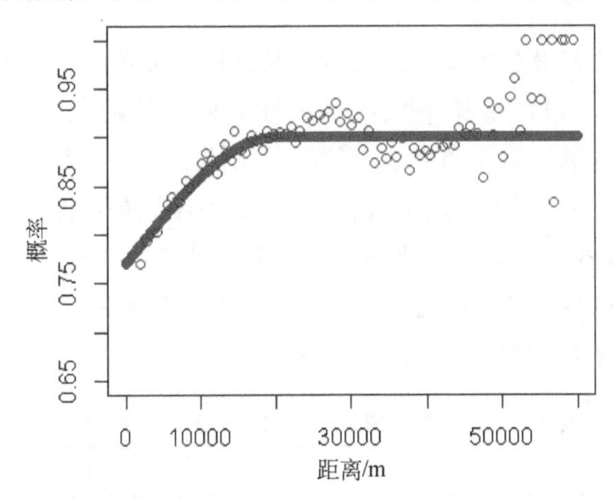

图 3-6　六合区模糊聚类结果 10 个类别的空间变异结构

综合考虑 DEM 和坡度的变异尺度为 6 km 左右，CTI、NDVI、土壤亮度、绿度和湿度为 2 km 左右，而 10 个类别的变异则为 20 km，因此，不同来源的辅助数据所能够表征或反映的变异尺度不同，这也在一定程度上体现了土壤性质的多尺度变异特点。由于影响或控制土壤性质空间变异性的因子具有多尺度性，所以，建立多尺度变异性的嵌套变异结构作为土壤重金属采样设计的先验信息则更为科学，不但可以反映土壤背景过程（如母质）影响的大尺度效应，还可以整合小尺度变异（如潜在污染引起的土壤亮度、绿度变异）产生的潜在影响。采用基于方差标准化方法，本研究建立的所有连续型和离散型辅助数据的标准化半方差函数为：0.38+0.3exp（2 200）+0.27exp（6 200）+0.05sph（20 000）。

3.3 区域土壤采样布点模式设计

3.3.1 传统布点模式

主要包括简单随机、规则网格、分层随机 3 种布点模式，主要用于与其他布点模式对比。传统布点模式下，不考虑任何小尺度变异，如污染热点区等。

简单随机布点（Random）：Random 方法不考虑任何历史测定数据或土壤类型、土地利用等辅助数据，采样点完全随机布置。

规则网格布点（Regular）：Regular 方法不考虑任何历史测定数据或土壤类型、土地利用等辅助数据，进行规则的正方形网格布点。

分层随机布点（Stratify）：Stratify 方法以所有辅助数据的 8 个主成分进行模糊 *c* 均值聚类获得的 10 个类别的空间分布图作为层次单元，每个层次中进行随机布点，不同类型中随机布置的样点数量按类别的面积比例确定。

3.3.2 土壤性质空间变异信息已知条件下的布点模式（Hotspots_SSA）

Hotspots_SSA 方法将潜在污染风险热点区及已有土壤样点的空间变异结构作为先验信息进行土壤采样布点，通过增加小尺度限制性约束条件的空间模拟退火算法（Spatial Simulated Annealing，SSA）实现布点。小尺度限制性条件主要考虑：建筑物、河流、道路上等不能采样因素；潜在人为活动影响强烈点（如污染点源附近）必须布点。对潜在污染风险区的布点，首先根据 5 种重金属元素的自然背景值（表 3-3），采用顺序高斯协同模拟算法 co-sgs 预测五种重金属含量超过自然背景值的概率分布图，以便确定 5 种重金属元素中任一元素超过自然背景的潜在污染风险区域。

表 3-3　土壤重金属含量的自然背景值及对数变换

重金属	Cu	Zn	Pb	Cr	Ni
自然背景/（mg/kg）	35	100	35	90	40
自然对数	3.555	4.605	3.555	4.500	3.689

图 3-7 为六合区土壤 Cu、Zn、Pb、Cr、Ni 5 种重金属含量的潜在污染风险概率分布图，结果表明，该区土壤的污染潜在风险主要为 Cu、Pb、Zn，潜在污染高风险区主要分布在南部的长江沿岸地区，此外县城周围为 Pb 污染高风险区，土壤 Ni 的污染高风险区则主要分布在西北部的山区。因此，在土壤采样布点的过程中充分考虑这些潜在的污染风险区将有助于更好地整合局部的小尺度变异。

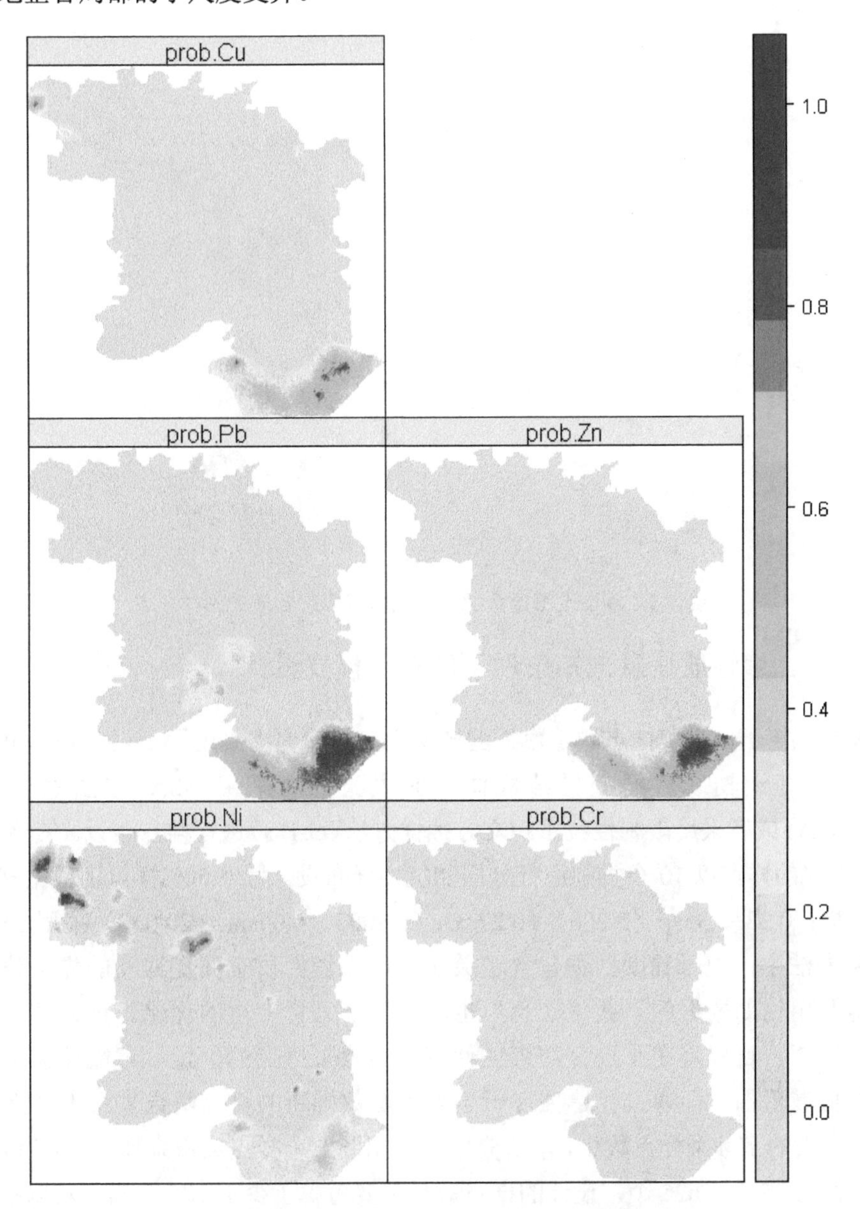

图 3-7　六合区土壤重金属的潜在污染风险概率分布

据研究区重金属潜在污染风险区的分布特点，本书采用污染概率等值线上等间隔布点的方法来整合局部污染热点区先验信息进行采样布点。图 3-8 为根据 5 种重金属自然背景在污染风险临界概率为 0.7 的条件下，任一重金属污染风险概率>0.7 的等值线分布图，概率等值线间隔划分为 0.7、0.8、0.9、0.95，即布设的样点考虑了不同程度的污染风险情况。在样点的布设过程中，潜在污染热点区样点数量设置与非污染热点区的比例设置为 1∶3。对于非污染热点区，土壤采样点的布设则根据已有土壤样点重金属含量推断的平均变异结构作为先验信息采用空间模拟退火 SSA 算法布设，5 种重金属含量的平均标准化半方差函数为：0.288＋0.403sph（3 000）+0.3sph（20 000）。

图 3-8　基于土壤重金属污染风险概率等值线的抽样布点

3.3.3　土壤性质信息未知条件下的布点模式设计

在没有任何历史土壤样点测定数据的情况下，本研究中采用了 2 种方法来布置土壤样点位置，即基于辅助数据变异结构体现的先验信息采用 SSA 方法进行样点布设（Stratify_SSA）或者采用限制性拉丁超立方抽样方法（cLHS）进行样点布设。在 Stratify_SSA 方法中，50%的样点以 10 个类别进行分层随机抽样布设，另外 50%样点则根据辅助数据平均变异结构：0.38+0.3exp（2 200）+0.27exp（6 200）+0.05sph（20 000）采用 SSA 布设。在 cLHS 方法中，由于辅助数据包含了关于目标土壤性质空间变异性的先验信息，因此尽可能地利用辅助数据的“数值信息”也将有利于采样布点的优化。该方案借鉴拉丁超立方抽样思想，目标是在小尺度约束条件下，布置采样点的位置尽可能覆盖所有相关辅助数据的值域范围，即通过构造独立于半方差函数推断的目标函数来布设样点。

对于布设的土壤采样点数量，本研究中共采用了 5 个样点数量系列，分别为 88 个、158 个、223 个、345 个、625 个，设计的样点数量主要考虑了少于 100 个样点难以准确推断半方差函数情况及样点数量与网格布点方法的样点数量对应关系，5 个样点数量分别对应研究区 4 km、3 km、2.5 km、2 km 和 1.5 km 网格。不同采样点数量条件下设计的土壤样点分布模式如图 3-9 所示。

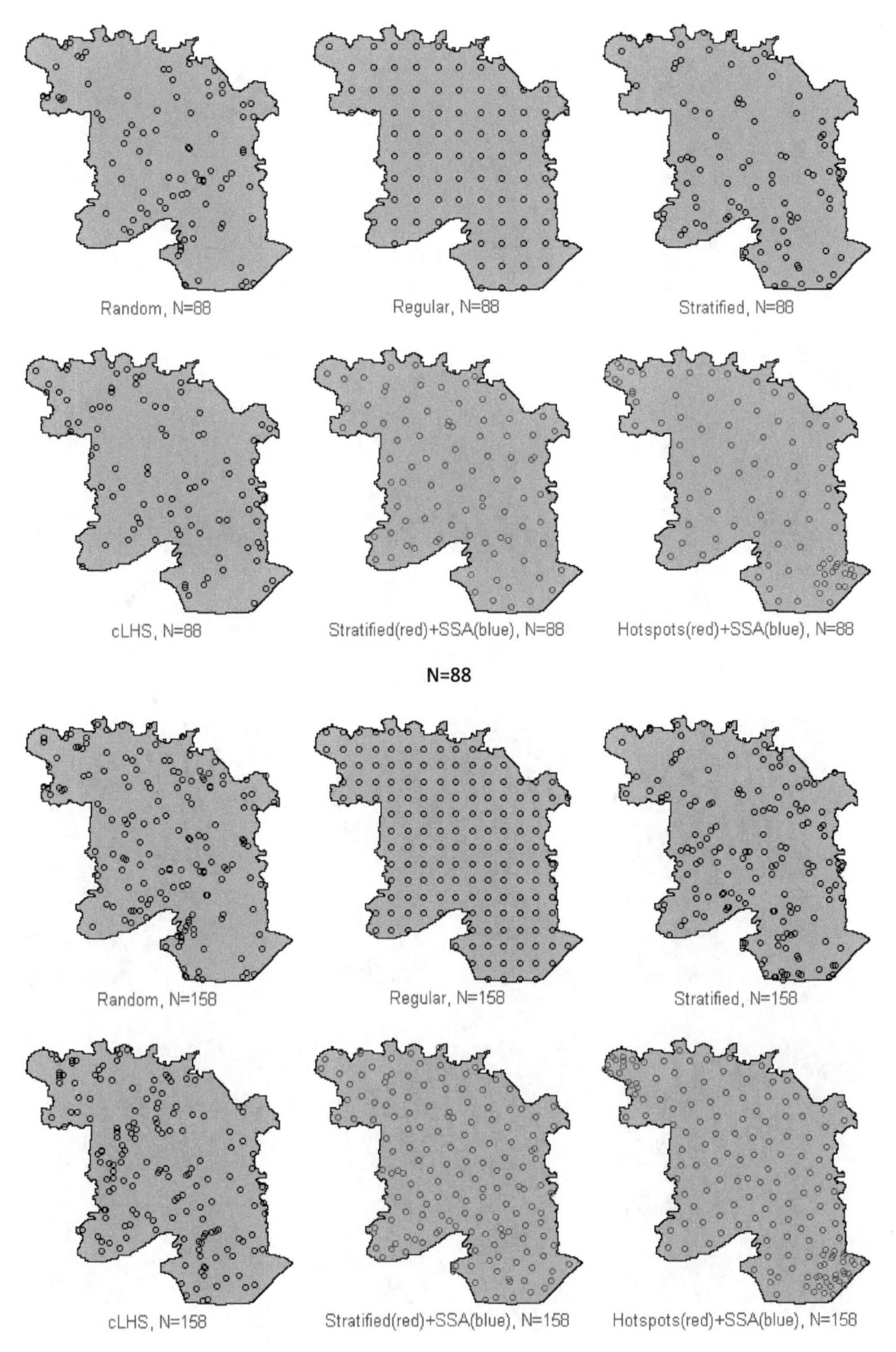
Random, N=88
Regular, N=88
Stratified, N=88
cLHS, N=88
Stratified(red)+SSA(blue), N=88
Hotspots(red)+SSA(blue), N=88
N=88
Random, N=158
Regular, N=158
Stratified, N=158
cLHS, N=158
Stratified(red)+SSA(blue), N=158
Hotspots(red)+SSA(blue), N=158
N=158

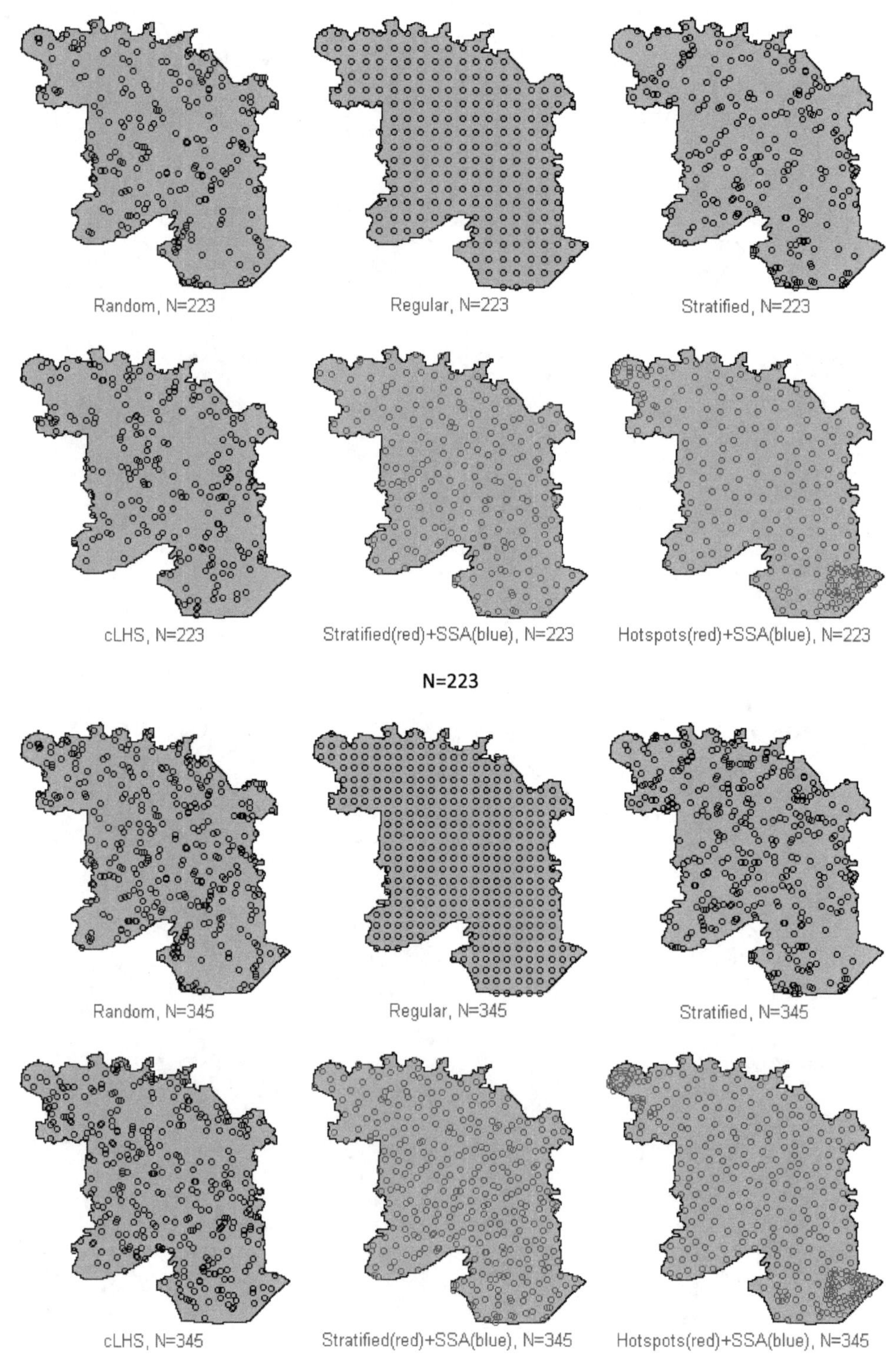
Random, N=223
Regular, N=223
Stratified, N=223
cLHS, N=223
Stratified(red)+SSA(blue), N=223
Hotspots(red)+SSA(blue), N=223
N=223
Random, N=345
Regular, N=345
Stratified, N=345
cLHS, N=345
Stratified(red)+SSA(blue), N=345
Hotspots(red)+SSA(blue), N=345
N=345

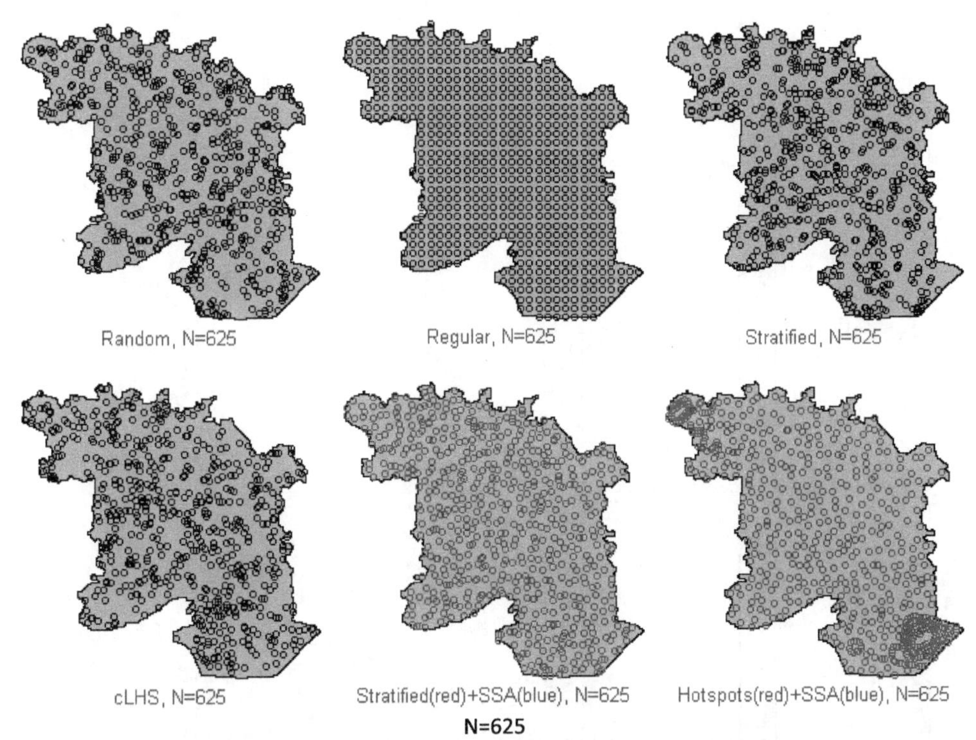

图 3-9　不同采样点数量条件下设计的土壤样点分布模式

3.4　土壤采样布点方案的有效性和稳健性评价

土壤采样布点方案的有效性和稳健性主要通过：已有样点重金属含量 100 次随机模拟生成重金属含量模拟数据、获取布设样点位置的重金属含量模拟值、不同空间预测方法分别进行 100 次预测、建模预测结果 RMSE 的频率分布的方式来实现有效性和稳健性评价，这种评价方法的优势在于可以实现不同布点方案误差分布的空间定量表达。

图 3-10 和表 3-4 为六合区 318 个土壤样点 Cu、Zn、Pb、Cr、Ni 5 种重金属含量的协同区域化建模结果，该结果表明研究区的重金属含量空间相关性存在明显的多尺度效应，即空间变异表现为 3 km 的小尺度变异和 20 km 的大尺度变异，这种多尺度效应主要是由于控制或影响土壤重金属含量的因子具有多尺度性，比如土壤母质等地质过程往往在大尺度上控制土壤性状，而小尺度变异则主要受局部污染源等小尺度过程控制。

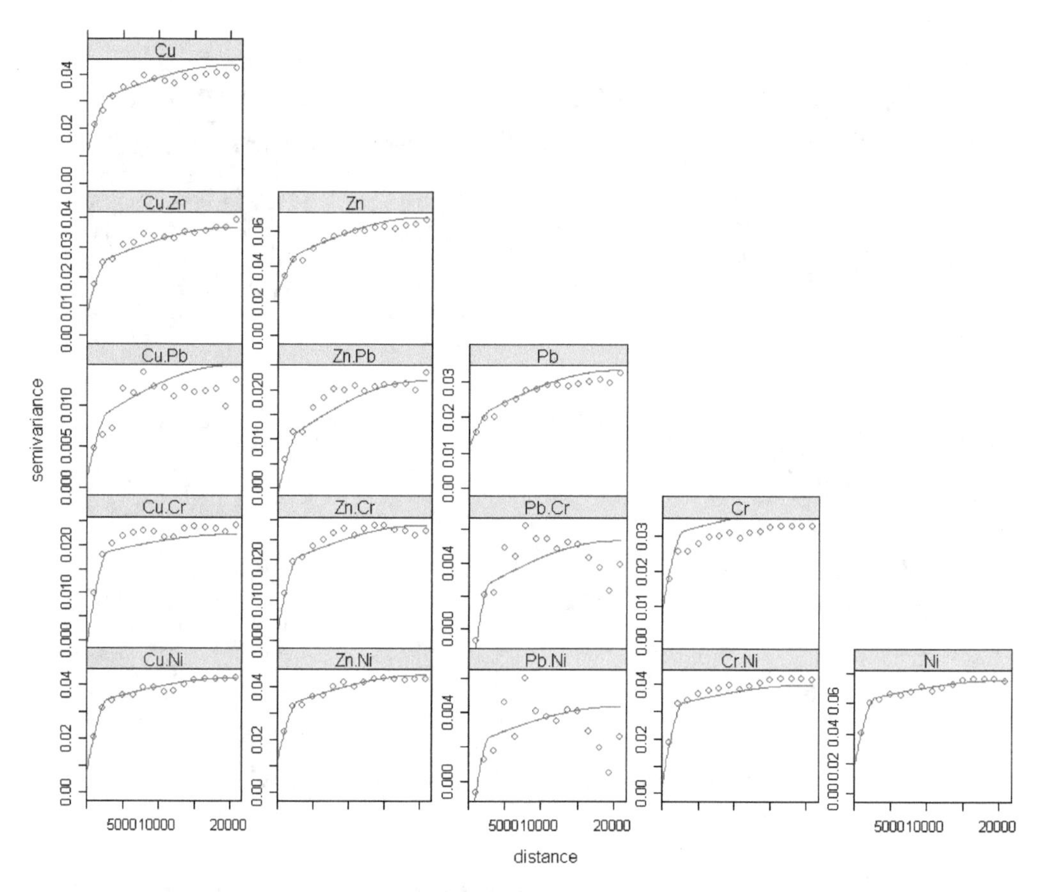

图 3-10　六合区土壤重金属含量的协调区域化建模

表 3-4　六合区土壤重金属含量的协调区域化建模的多尺度变异分解参数

	块金 C_0	基台 C_1（3 km 尺度）	基台 C_2（20 km 尺度）
Cu	0.011	0.017	0.015
Zn	0.024	0.017	0.026
Pb	0.012	0.007	0.014
Cr	0.009	0.021	0.008
Ni	0.018	0.042	0.015
Cu-Zn	0.008	0.015	0.014
Cu-Pb	0.001	0.006	0.007
Cu-Cr	0.000	0.019	0.005
Cu-Ni	0.008	0.025	0.010
Zn-Pb	0.000	0.010	0.013
Zn-Cr	0.002	0.016	0.010
Zn-Ni	0.012	0.020	0.013
Pb-Cr	0.000	0.007	0.003
Pb-Ni	0.000	0.006	0.002
Cr-Ni	0.003	0.029	0.008

基于土壤重金属含量的协同区域化线性模型（LMC）结果，为了确保模拟结果中不同重金属元素之间的相关关系不变，本研究采用了顺序高斯协同模拟 co-sgs 方法对 5 种重金属含量进行了 100 条件随机模拟，图 3-11 为随机抽取的 3 模拟结果分布图，对比图 3-1 可以看出，模拟结果反映了土壤重金属可能的空间分布模式，并且每个模拟结果的空间分布图均为等概率的，这 100 次的模拟结果图将假定作为已知的土壤重金属含量空间分布，同时从 100 次的模拟分布图中分别随机抽取 100 个位置作为独立验证点，采用不同的预测方法分别计算 100 次空间预测结果与独立验证点位置值（假定为观测值）的差异，计算均方根预测误差 RMSE，并采用独立样点位置的标准差对 RMSE 进行标准化，获取标准化 RMSE 的频率分布，从而实现布点方法的有效性和稳健性评价。

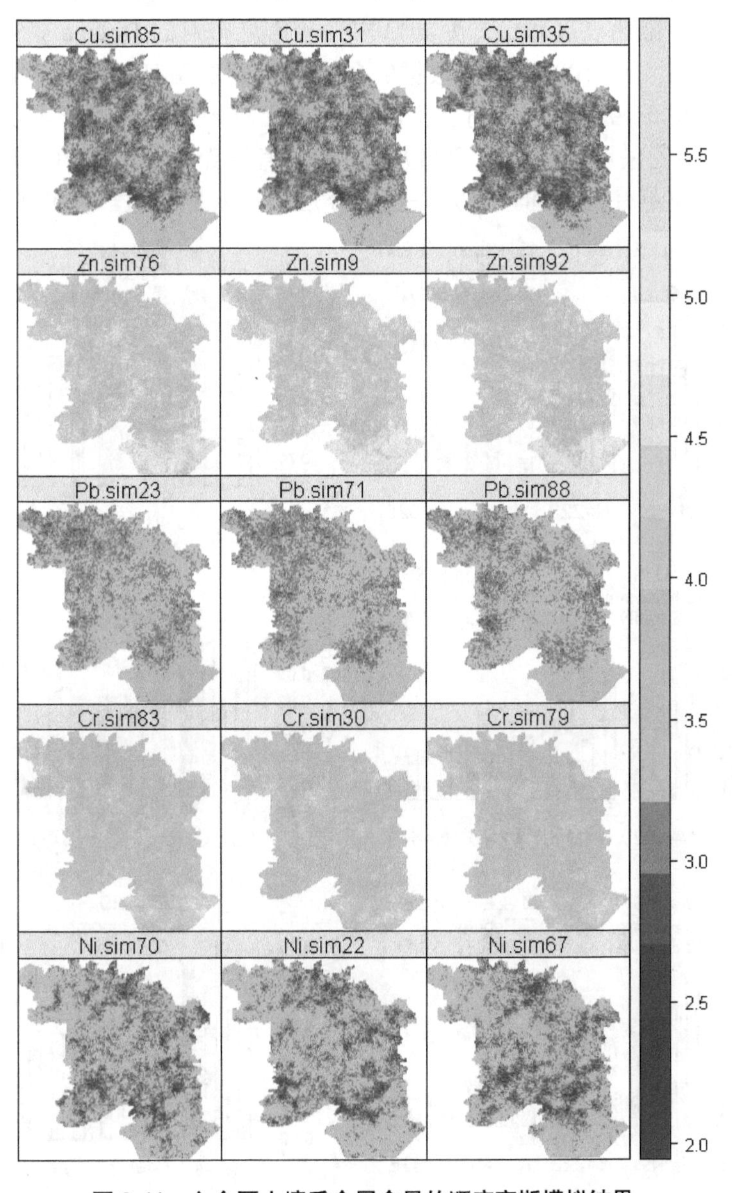

图 3-11　六合区土壤重金属含量的顺序高斯模拟结果

3.5 最佳采样布点模式及空间预测方法分析

不同样点数量条件下，从不同布点模式普通 kriging（OK）和回归 kriging（RK）两种方法的预测结果来看，假定土壤直接测定结果信息未知条件下采用 Stratify_SSA 方法预测的 Cu、Cr、Ni 3 种元素含量的 100 次预测结果的平均标准化 RMSE 均最低，而对应 Pb 和 Zn 来讲，则网格布点模式 regular 的预测精度最高；不论哪种元素，完全随机布点 Random 方法的精度均最差，其次为 cLHS 方法，其主要原因可能是辅助数据与重金属含量间的直接线性关系不明确或不显著（图 3-12）。然而，假定重金属含量数据已知条件下根据污染热点区和已知变异结构先验信息布点的 Hotspots_SSA 方法理论上预测精度应该最高，而 100 次模拟数据的预测结果则表明其精度并非最高，其原因可能是布置的样点位于污染风险高值区的样点数量比较多，这样尽管可以更好地体现小尺度变异性，但不论采用哪种空间预测方法，多高值样点预测结果的平滑效应均难以完全避免，因此寻找更好的空间预测方法也是今后工作中需要进一步研究的科学问题。

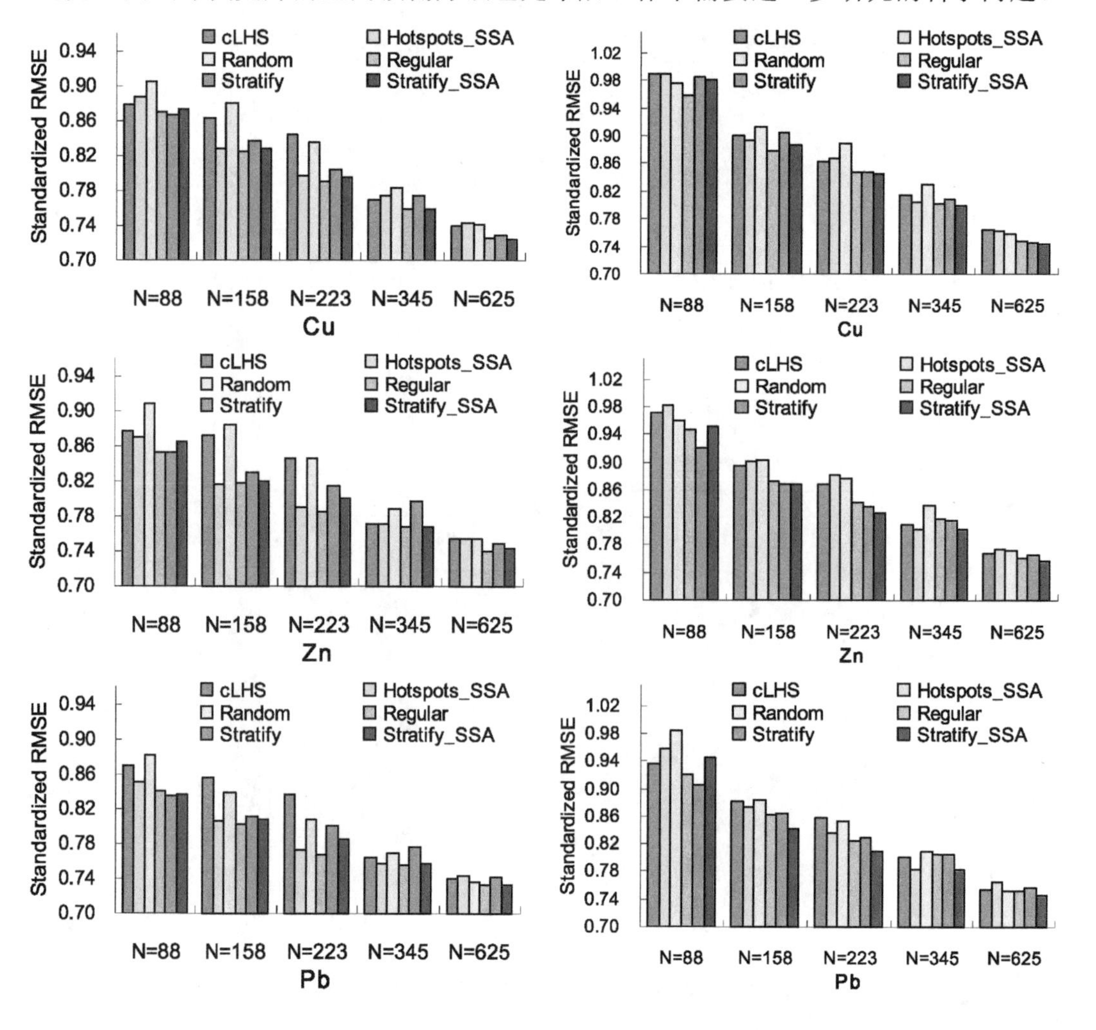

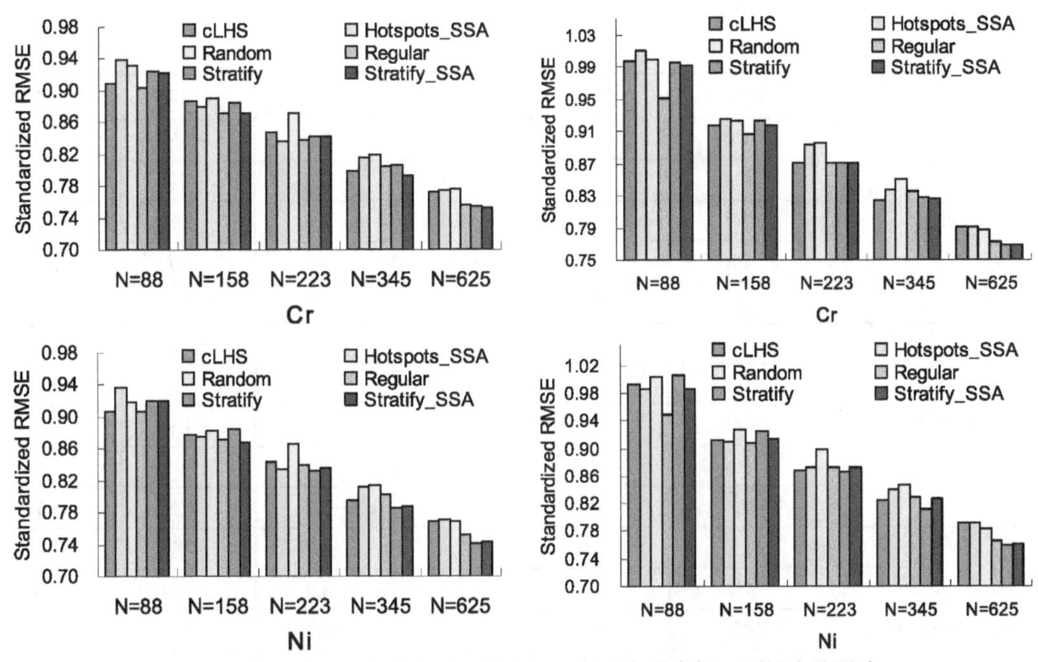

图 3-12　土壤采样布点方法及样点数量对重金属空间预测精度的影响
（左侧：OK 预测；右侧：RK 预测）

不同空间预测方法比较（表 3-5）的结果则表明，无论采样哪种布点方法及样点数量，RK 方法的预测误差均比 OK 方法要高，这表明复杂的空间预测方法并非总是能够提高空间预测精度，相对简单的 OK 方法更为有效，这也表明任何空间预测方法都没有普遍适用性，针对不同区域均需要重新选择合适的预测方法。

表 3-5　回归 Kriging 与普通 Kriging 相比的空间预测误差提高百分比

布点方法	重金属	N=88	N=158	N=223	N=345	N=625
Random	Cr	−7.4	−3.7	−2.7	−3.8	−1.6
	Cu	−7.8	−3.7	−6.3	−6.0	−2.4
	Ni	−9.2	−4.9	−3.9	−3.9	−1.9
	Pb	−11.7	−5.4	−5.7	−5.2	−2.0
	Zn	−5.8	−2.2	−3.8	−6.2	−2.3
Regular	Cr	−5.4	−4.0	−4.1	−3.7	−2.0
	Cu	−10.2	−6.5	−7.2	−5.7	−3.0
	Ni	−4.7	−4.2	−3.9	−3.2	−1.8
	Pb	−9.6	−7.3	−7.7	−6.5	−2.9
	Zn	−11.0	−6.6	−7.3	−6.5	−2.9
Stratify	Cr	−7.7	−4.2	−3.4	−2.7	−1.8
	Cu	−13.6	−8.2	−5.4	−4.3	−2.4
	Ni	−9.2	−4.6	−4.0	−3.1	−2.3
	Pb	−8.4	−6.5	−3.5	−3.7	−2.2
	Zn	−7.8	−4.5	−2.6	−2.5	−2.4

续表

布点方法	重金属	N=88	N=158	N=223	N=345	N=625
cLHS	Cr	−9.8	−3.5	−2.6	−3.3	−2.3
	Cu	−12.6	−4.5	−2.3	−5.9	−3.4
	Ni	−9.6	−4.0	−2.9	−3.8	−2.8
	Pb	−7.7	−3.0	−2.5	−4.7	−2.0
	Zn	−10.7	−2.7	−2.7	−5.1	−2.0
Stratify_SSA	Cr	−7.6	−5.2	−3.5	−4.1	−2.1
	Cu	−12.4	−7.2	−6.2	−5.3	−2.7
	Ni	−7.2	−5.4	−4.4	−4.9	−2.4
	Pb	−12.7	−4.3	−3.1	−3.4	−2.0
	Zn	−10.0	−5.9	−3.2	−4.5	−1.7
Hotspots_SSA	Cr	−7.6	−5.4	−6.7	−2.7	−2.2
	Cu	−11.4	−7.9	−8.9	−3.9	−2.6
	Ni	−5.2	−4.0	−4.7	−3.5	−2.9
	Pb	−12.7	−8.3	−8.2	−3.5	−3.0
	Zn	−13.1	−10.5	−11.3	−4.1	−2.6

3.6 最佳布设土壤样点数量分析

从上面的分析中，可以看出 5 种重金属元素中最佳的空间预测方法均为普通 Kriging 方法（OK），而对应布点模式或方法则根据不同的重金属元素种类而有所不同，对于 Cu、Cr、Ni 3 种元素来说，最佳的布点模式为 Stratify_SSA，而对于 Zn、Pb 2 种元素来说，则网格 Regular 布点方法最佳，这与不同重金属元素间的相互关系密切相关，或者说是与土壤重金属含量的空间变异特点本身有关，Cu、Cr、Ni 元素在地球化学上具有同源性，同时 5 种重金属含量的协同区域化分析也表明（图 3-10 和表 3-4）Pb 和 Zn 的空间变异具有更强的相似性。

对于不同重金属元素种类确定的最佳布点模式及空间预测方法，图 3-13 分析了随样点数量变化时 100 次空间预测结果的平均标准化 RMSE 变化规律，从图中的结果可以看出随着样点数量的增加，空间预测误差表现为对数下降，不同重金属预测的 RMSE 与样点数量 NS 的关系如图 3-13 中的公式所示。由于（1－标准化 $RMSE^2$）反映了预测方法能够解释的重金属含量变异性的比例，如当标准化 RMSE 为 0.7 时，预测方法能够解释重金属含量变异性的 51%，标准化 RMSE 为 0.6 时，解释的变异性为 64%，在确定样点数量的过程中，预测结果至少要能够解释样点数据变异性的 50%以上，因此本研究中选取标准化 RMSE 分别为 0.7 和 0.6 作为上限和下限，根据所建立的标准化 RMSE 与样点数量 NS 直接的定量关系确定了不同重金属含量空间预测采样设计所需要的最佳样点数量范围（图 3-13）。

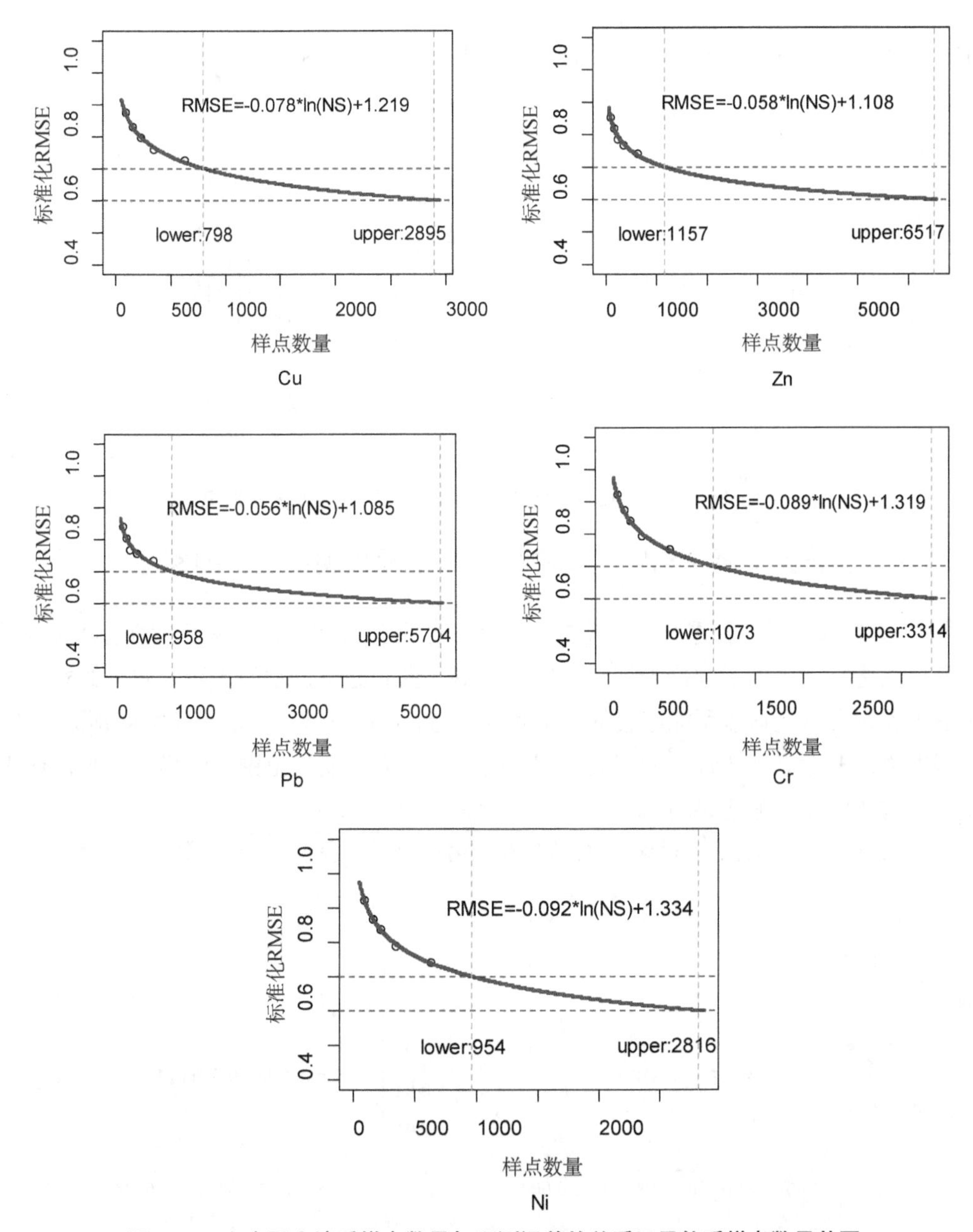

图 3-13　六合区土壤采样点数量与预测误差的关系及最佳采样点数量范围

3.7　空间预测的最佳栅格分辨率确定方法

3.7.1　基于采样点最小间距频率分布的空间预测最佳 cell size

图 3-14 为六合区 318 个样点的最小样点间距的频率分布情况，该区 318 个土壤采样点间的最小样点间距（MSD）接近正态分布，MSD 中值的一半可作为空间预测的最佳 cell size，

MSD 的中值为 1 408 m，因此，最粗的可读 cell size 可确定为 704 m。

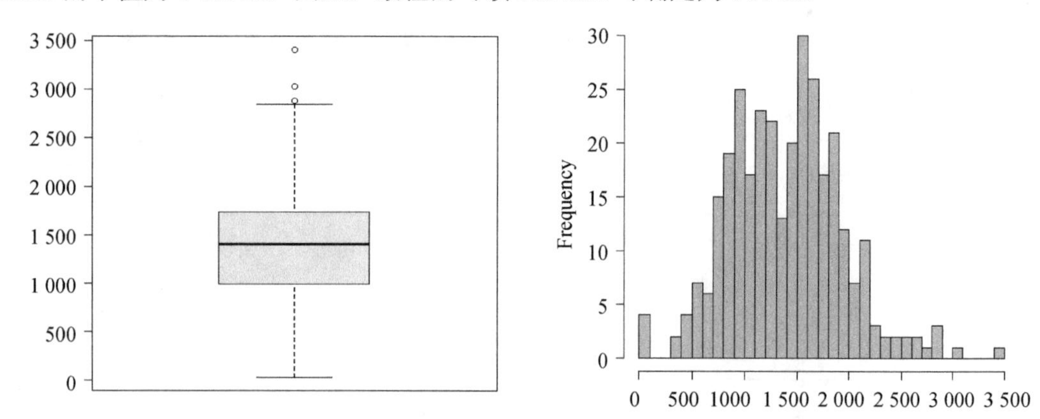

图 3-14　六合 318 个样点的最小样点间距的频率分布情况

3.7.2　基于重金属含量空间变异特征的空间预测最佳 Cell size

图 3-15 为六合区 5 种重金属含量的半方差函数及拟合参数，反映了 5 种重金属含量的空间变异结构特征，为了准确表征土壤性状的空间变异结果，空间预测分布图的栅格尺寸必须适于表达土壤采样点所能够表征的空间变异特征，因此，在确定最佳空间预测 cell size 的过程中必须要考虑土壤性状的相关范围（变程）及有效变程范围内的样点对数，适于表征变异结构的空间预测结果的 cell size 可采用如下公式计算：

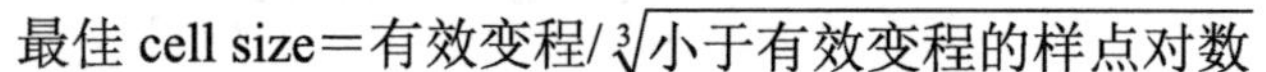

$$最佳\ cell\ size=有效变程/\sqrt[3]{小于有效变程的样点对数}$$

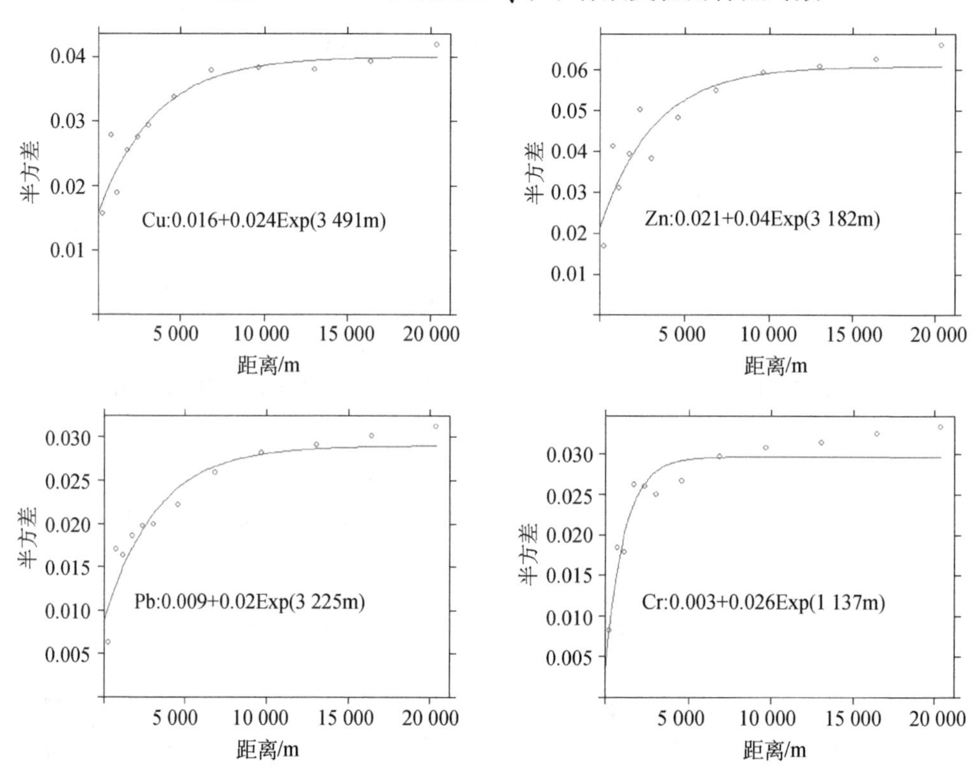

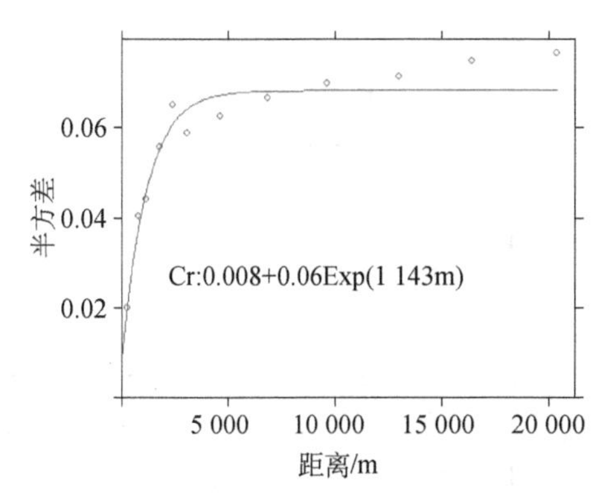

图 3-15　六合土壤 Cu、Zn、Pb、Cr、Ni 5 种重金属含量的空间变异结构

根据六合区 5 种重金属含量的空间变异结构的相关距离及上面的公式，可以确定基于空间变异特征的空间预测最佳 Cell size。从表 3-6 的结果可以看出，空间相关范围较大的 Cu、Zn、Pb 空间预测的最佳栅格尺寸在 500 m 左右，而变程相对较短的 Cr、Ni 则在 300 m 左右。

表 3-6　适于表征不同重金属空间变异结构的空间预测最佳栅格尺寸　（单位：m）

重金属	Cu	Zn	Pb	Cr	Ni
最佳栅格尺寸	466	522	529	320	321

图 3-16～图 3-18 为基于不同方法确定的空间预测最佳 cell size 下，采用最佳空间预测方法 OK，以最佳的 cell size 为 block 预测的六合区 5 种重金属含量的空间分布图。从图中可以看出，基于重金属含量空间变异特征和变程内样点对数确定的空间预测最佳 cell size 是比较折中的方法，既能达到较高的栅格分辨率，又能准确体现重金属含量本身的变异结构特点，因此，该方法可作为推荐方法。

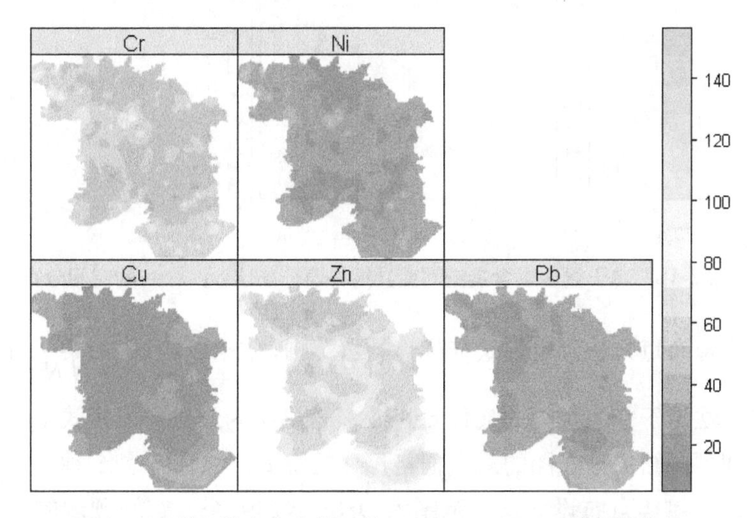

图 3-16　基于样点密度的最佳 cell size＝166 m 的空间分布

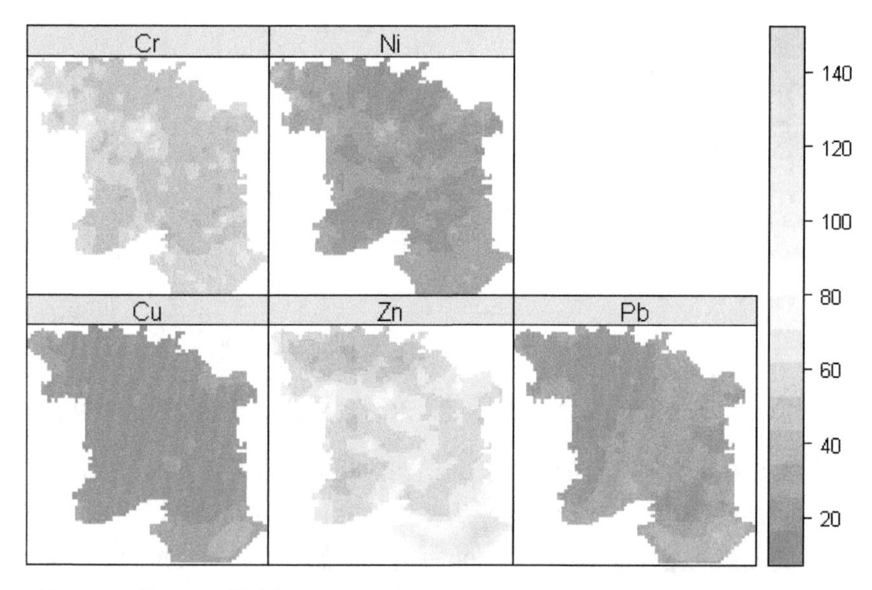

图 3-17　基于最小样点间距频率分布的最粗可读 cell size＝704 m 的空间分布

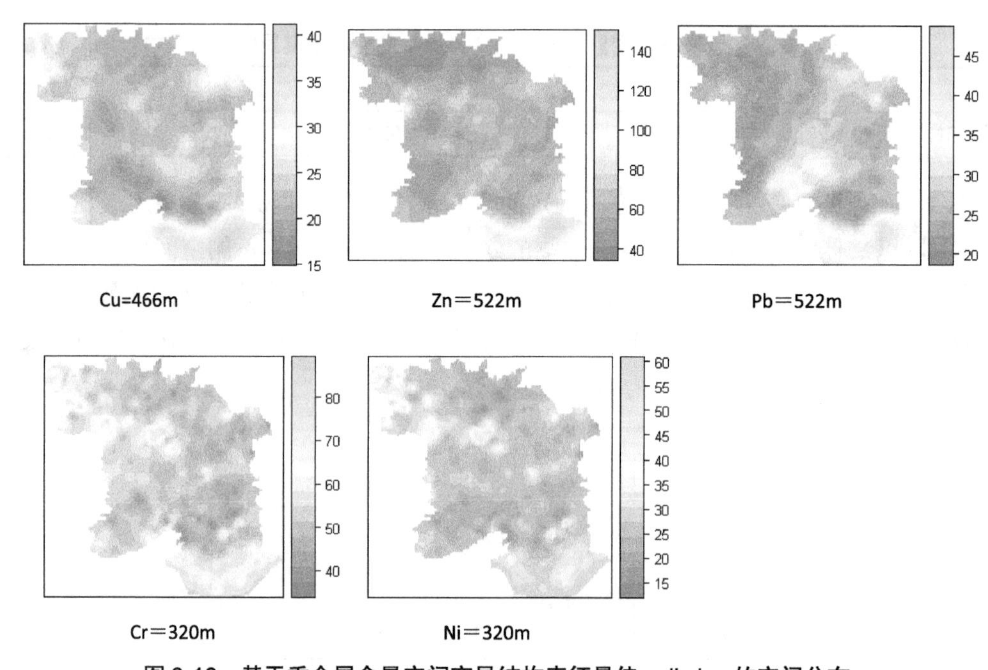

图 3-18　基于重金属含量空间变异结构表征最佳 cell size 的空间分布

根据前面模拟布点方法确定的最佳样点数量范围，依据 $p=0.0791\sqrt{\frac{A}{N}}$ 可以计算出设计的不同采样点方法用于空间预测的最佳 cell size，表 3-7 为最佳样点模式下布设不同样点数量条件下，空间预测结果分布图的最大栅格尺寸的阈值，综合考虑 5 种重金属元素的平均情况下，六合区土壤样点布设数量的范围为 988～4 249 个，空间预测的最佳栅格尺寸为 94～45 m。

表 3-7　基于采样点密度的土壤采样点最佳数量范围及对应的预测栅格尺寸

	样点下限	密度/（个/km^2）	栅格尺寸/m	样点上限	密度/（个/km^2）	栅格尺寸/m
Cu	798	0.57	105	2 895	2	55
Zn	1157	0.83	87	6 517	4.7	37
Pb	958	0.69	95	5 704	4.1	39
Cr	1073	0.77	90	3 314	2.38	51
Ni	954	0.68	96	2 816	2.02	56
平均	988	0.71	94	4 249	3	45

第 4 章　农用地土壤环境质量评估标准研究

4.1　我国土壤环境质量标准体系现状

我国土壤环境保护标准体系建设已有一定基础。迄今为止，我国已经颁布实施了几十项土壤环境保护的国家及行业标准，包括土壤环境质量调查监测标准、土壤环境评价标准、农产品产地环境标准（其中涉及土壤）、土壤环境背景、土壤环境检测方法标准、土壤环境术语标准、土壤污染防控标准等。随着对土壤环境问题认识的不断深入，有的标准已经过了一轮的修订和完善；有的虽不能达到“标准”的要求，但考虑到当前工作的需要，暂时以技术文件发布试行；有的省市根据本地需要也制定颁布了一些地方标准，弥补了国家标准的不足。一些包含土壤污染物含量限值的有关农用地标准因 GB 15618 的修订而作废。表 4-1 列出了当前有效的主要标准和技术文件。

表 4-1　我国农用地土壤环境质量标准体系现状

分类	部分标准
土壤环境调查监测标准	土壤环境监测技术规范（HJ/T 166—2004） 农田土壤环境质量监测技术规范（NY/T 395—2000） 农用地土壤污染状况详查点位布设技术规定（环办土壤〔2018〕1021 号） 耕地质量地球化学监测技术规范（江苏 DB32/T 3902—2020） 农用地土壤污染状况调查技术规范（DB41/T 1948—2020）（河南地标）
土壤环境评价标准	土壤环境质量 农用地土壤污染风险管控标准（试行）（GB 15618—2018） 环境影响评价技术导则 土壤环境（试行）（HJ 964—2018） 耕地污染治理效果评价准则（NY/T 3343—2018） 农用地土壤环境风险评价技术规定 农用地土壤环境质量类别划分技术指南（环办土壤〔2019〕53 号） 场地土壤环境发现评价筛选值（DB11/T 811—2011）（北京） 四川省农产品产地土壤环境质量评价技术规程 DB51/T 2724—2020
土壤背景值	区域性土壤环境背景含量统计技术导则（试行）（HJ 1185—2021） 深圳市土壤环境背景值（DB 4403/T 68—2020） 韶关市土壤环境背景值（DB 4402/T08—2021）
土壤环境术语标准	土壤质量词汇（GB/T 18834—2002）

续表

分类	部分标准
土壤污染控制相关标准	农用污泥污染物控制标准 GB 4284—2018 农用灌溉水质标准 GB 5084—2021 农药安全使用规范 总则（NY/T 1276—2007） 农药使用环境安全技术导则（HJ 556—2010） 肥料合理使用准则 通则（NY/T 496—2010） 化肥使用环境安全技术导则（HJ 555—2010） 肥料合理使用准则 有机肥料（NY/T 1868—2021） 绿色食品 肥料使用准则（NY/T 394—2021） 肥料中有毒有害物质的限量要求（GB38400—2019） 有机肥料（NY/T 525—2021） 有机-无机复混肥料（GB 18877—2020） 农业固体废物污染控制技术导则（HJ 588—2010） 城市污水再生利用 农田灌溉用水水质（GB20922—2007） 聚乙烯吹塑农用地面覆盖薄膜（GB13735—2017） 农用薄膜管理办法（农业农村部令 2020 年第 4 号） 畜禽粪便农田利用环境影响评价准则（GB/T 26622—2011） 畜禽粪便还田技术规范（GB/T 25246—2010）
农用地土壤污染修复和安全利用	受污染耕地治理与修复导则 NY/T 3499—2019 耕地污染治理效果评价准则（NY/T 3343—2018） 轻中度污染耕地安全利用与治理修复推荐技术名录（2019 年版）农办科〔2019〕14 号） 耕地土壤重金属污染风险管控与修复风险评价（广东 DB44/T 2263.2—2020） 农田土壤重金属污染修复技术规范（广西 DB45/T 2145—2020）
土壤污染物检测方法标准	土壤和沉积物****的测定（涵盖有机污染物和无机污染物，46 个标准）
植物类农产品标准	食品安全国家标准 食品中污染物限量（含第 1 号修改单）（GB2762-2017/XG1—2021） 饲料卫生标准（GB13078—2017）

4.1.1　农用地土壤调查监测类标准

调查监测是认识土壤的唯一途径，由于土壤的非均质性，调查监测的方法尤其是布点的方法的科学性，决定了土壤环境特性刻画的客观性和准确性；调查目的的不同，如土壤环境质量状况调查和土壤污染调查，布点方式会不同；不同尺度的调查，调查精度也会不同。另外，调查精度还受制于经费和任务周期的影响。当前的调查标准更多关注尺度较小的范围内的土壤环境调查，因此，全国农用地土壤污染状况详查时专门制定了针对此次详查的布点技术规定。有个别省份制定了地方标准和规范，如江苏省于 2020 年发布了《耕地质量地球化学监测技术规范》，河南省于 2020 发布了《农用地土壤污染状况调查技术规范》。随着土壤环境监测技术日新月异，包括“3S”技术、生物技术、信息技术等在土壤监测方面的应用不断深入，未来应根据土壤环境监测技术的实际进展，进一步更新完善相关技术规范。

4.1.2 土壤环境评价标准

调查监测获得了数据就需要进行评价。2017 年颁布的《农用地土壤环境质量类别划分技术指南（试行）》为开展农用地分类管理提供了技术支撑，对保障农田土壤环境质量和农产品安全具有重要意义。2018 年实施的《土壤环境质量 农用地土壤污染风险管控标准（试行）》充分考虑我国土壤环境的特点和土壤污染的基本特征，创造性提出了两条线（即筛选值和管制值）的标准修订思路，将农用地划分为优先保护类、安全利用类和严格管控类，实施农用地的分类管理。2019 年实施的《环境影响评价技术导则 土壤环境（试行）》用于规范和指导我国土壤环境影响评价工作，防止或减缓土壤环境退化，保护土壤环境。我国已有《温室蔬菜产地环境质量评价标准》《食用农产品产地环境质量评价标准》等多个与农田土壤相关的环境质量评价标准，生态环境部目前正在编制《土壤环境质量评价技术规范》，以期适用于农田在内的不同土地利用类型、不同尺度的土壤环境质量状况评价。在地方标准和规范方面，四川省制定了《四川省农产品产地土壤环境质量评价技术规程》，广西壮族自治区制定了《农田土壤重金属污染修复技术规范》，用于指导地方开展农田土壤环境质量评价或修复工作。

4.1.3 土壤环境背景值

我国土壤环境背景值研究始于 20 世纪 70 年代中期，由原国家环境保护局牵头的国家“七五”科技攻关项目，并在 20 世纪 90 年代先后出版了《中国土壤元素背景值》《环境背景值和环境容量研究》论文集和成果汇编，相关研究成果也支撑了《土壤环境质量标准》（GB15618—1995，已被 GB15618—2018 替代）中一级标准值的确定。鉴于我国幅员辽阔，土壤类型复杂多样且差异较大，用统一的背景值不能客观地描述土壤背景水平，2021 年生态环境部组织制定颁布了背景值确定的方法标准——《区域性土壤环境背景含量统计技术导则（试行）》（HJ 1185—2021），鼓励制定区域土壤背景值。有的地区已制定颁布本地的背景值，如深圳市和韶关市，有的地方正在着手制定中。

4.1.4 土壤污染防控标准体系

土壤污染防控标准体系可分为两个方面：

农用投入品：农药、肥料、灌溉水、农膜、农业固体废物、农用污泥、畜禽粪便等投入品，若其中的污染物含量过高，易引起土壤污染物含量的累积，所以，有必要对投入品中污染物的含量做出约束规定。我国目前已出台一系列肥料、农膜、农田灌溉水、农业固体废物、畜禽粪便等农用投入品相关系列标准，有的也经过了修订更新。

（1）土壤污染治理与修复：农业部门针对受污染耕地陆续出台了《耕地污染治理效果评价准则》（NY/T 3343—2018）和《受污染耕地治理与修复导则》（NY/T 3499—2019），两个导则适用于较小尺度耕地修复治理的情况。针对农用地别于建设用地的生产特性，农业部门特推荐了《轻中度污染耕地安全利用与治理修复推荐技术名录（2019 年版）》（农办科〔2019〕14 号）；2019 年农业农村部发布了《关于进一步做好受污染耕地安全利用工作的通知》，特别提出根据《受污染耕地安全利用率核算方法（试行）》评估核算当地污染耕地安全利用情况，进一步加强了对污染耕地的管理。2020 年广东省制定了《耕地土壤重金属污染风险管控与修复风险评价》地方标准，适用于开展耕地土壤重金属污染状况评价、风险类型和等级划分和重金属污染风险管控等工作；广西壮族自治区也颁布了《农田土壤重金属污染修复技术规范》（DB45/T 2145—2020），规范指导本区农田重金属污染修复。

4.1.5　土壤环境质量配套标准

（1）土壤分析方法标准

我国迄今已建立了一系列涉及土壤监测和污染物分析的国家和行业标准方法，尤其近两年颁布较多的检测方法标准，一些新技术和方法得到及时补充或更新，大大支撑了调查监测的需求。

（2）土壤环境质量基础标准体系

当前我国土壤环境质量基础标准体系的研究相对较少，仅有《土壤质量 词汇（GB/T 18834—2002）》，其修订版《土壤环境 词汇（征求意见稿）》2020 年经过一轮公开征求意见，目前尚未发布。

4.1.6　农产品标准

农产品标准虽不属于农用地土壤环境标准体系，但是鉴于土壤是某些农产品生产者，土壤污染物特别是金属类含量影响农作物的生长，或者会直接影响农产品中这些污染物的含量水平，进而通过食物链影响人体健康。

4.2　发达国家和地区农用地土壤标准简介

多数国家和地区制订了针对建设用地的土壤环境质量标准，少数国家和地区制订了针对农用地的土壤环境质量标准。针对农用地的土壤环境质量标准，保护对象有的是人体健康，有的是生态环境（如土壤生物），有的是农产品质量安全，有的是作物生长（防止减产）。

在制定方法上，以保护人体健康和生态环境为目标的，如加拿大，主要基于人体健康风险评估方法和生态风险评估方法制定；以农产品质量安全为保护目标的，如德国，主要基于有关土壤与作物污染物含量数据，利用统计方法制定。

4.2.1　加拿大的农用地土壤标准

（1）标准体系

2006 年，加拿大联邦环境部长委员会（CCME）区分农用地、住宅用地、商业用地和工业用地等不同用地类型，修订发布了土壤质量指导值（Soil Quality Guidelines，SQGs）。

加拿大土壤质量指导值分别以保护人体健康和生态环境为保护目标，制定关于保护人体健康的土壤质量指导值（SQGHH）以及保护生态环境的土壤质量指导值（SQGE），最后，取二者的低值作为土壤质量指导值（SQGS）。

加拿大土壤质量指导值分别基于人体健康风险评估方法和生态风险评估方法制定。

（2）关于农用地土壤质量指导值

一是以保护人体健康为目标。主要考虑以下暴露途径：直接接触（经口摄入、皮肤接触、吸入土壤颗粒等）、饮用地下水、呼吸室内空气（默认有农场，有家庭和儿童）、食物（农产品、肉类和牛奶等）摄取等。

二是以保护生态环境为目标。主要考虑以下暴露途径：土壤接触（保护土壤微生物、土壤无脊椎动物、农作物、牲畜、野生动物等直接接触土壤的生物）、土壤摄入（如保护食草动物等初级消费者以及杂食和肉食动物等次级消费者）、地下水（保护淡水生物）、地下水（农业灌溉以及牲畜用水）等。

目前，加拿大农用地土壤质量指导值（SQGs）共有 69 项污染物。需要说明的是土壤污染物含量指标是盐酸—硝酸—30%双氧水消解体系的量，不同于我国四酸消解的总量。

4.2.2 德国的农用地土壤标准

（1）标准体系

德国 1999 年颁布《联邦土壤保护与污染场地条例》（以下简称《条例》），分三种暴露途径（土壤—人直接接触，土壤—食用作物，土壤—地下水）制定了相应的土壤触发值和行动值。触发值类似于风险筛选值，低于该值，说明没有风险；高于该值，说明存在风险，需要进行调查和风险评估。如果超过行动值，则表示存在有害的土壤改变或场地污染，需要采取措施。

关于"土壤—人直接接触"暴露途径，德国区分了四种土地用途，一是操场；二是住宅用地；三是公园和娱乐用地；四是工业和商业用地。

关于"土壤—食用作物"暴露途径，德国定义了三种情形，一是农业用地（种植各种农作物，包括蔬菜）；二是种植食用作物的菜园；三是草场。

（2）关于"土壤—食用作物"暴露途径的土壤标准

①针对农用地及菜园，为保证农产品品质，制定了关于砷、铅、汞、铊、苯并芘的触发值；制定了镉的行动值。

②针对草场，为保证农产品品质，制定了砷、铅、镉、铜、镍、汞、铊、多氯联苯的行动值。

③针对农业用地，为保护植物生长，制定了关于砷、铜、镍、锌的触发值。

上述土壤触发值和行动值适用于评价 0～30 cm 深度的农用地和菜园土壤污染物含量，以及 0～10 cm 深度的草场土壤污染物含量。对于更深的土壤，相应标准值应该乘以系数 1.5。

（3）关于“土壤—食用作物”暴露途径的土壤标准的制定方法

关于保护农产品品质的标准，主要通过农产品（包括动物饲料）的质量指导值（即污染物限量值）进行反推。对于草场，不仅要考虑土壤污染物对牧草品质的影响，还要考虑动物吃草时可能直接把土吃进去带来的污染物摄入。

具体方法是：德国环保局建立 TRANSFER 数据库（包含了 32 万个数土壤/作物数据），将人为的实验数据剔除，只用实际的大田数据进行回归分析（因变量是植物中的重金属含量，自变量是土壤重金属的含量），以对数形式进行计算，基于半定量的统计方法制定触发值、行动值。

例如，德国以小麦为主要农产品推导镉（Cd）的行动值为 40 μg/kg（0.04 mg/kg）。401 组小麦/土壤数据显示，土壤镉（Cd）大于 40 μg/kg 时，所有小麦的镉含量均超过推荐质量指导值，其中 91%超标 2 倍。土壤镉（Cd）小于 40 μg/kg 时，25%的小麦镉含量均超过推荐质量指导值，其中 20%超标 2 倍。

需要指出的是，德国关于小麦质量的指导值不是法定标准，并且只有超标 2 倍才认为是真正超标。关于镉行动值（40 μg/kg），其提取方法是硝酸铵提取法。

德国土壤重金属污染物的分析方法标准有 2 种，一是硝酸铵法，主要表征重金属的有效态，预测经由作物根系吸收重金属污染物情况；二是王水法。

4.2.3　日本的农用地土壤标准

日本《农用地土壤污染防治法》规定的农田土壤标准有 3 个指标。分为两类：

一是铜和砷（土壤中的），主要考虑是保护作物生长。根据作物效应制定，如引起作物减产（10%以上）所得到的土壤临界含量值作为标准值。

二是镉。主要防止大米镉超标。需要说明的是，关于镉的指标，是用大米中的镉含量来表征，而不是测土壤中镉的含量。

农用地土壤中铜和砷，均采用 0.1 mol 盐酸震荡后的提取液，用原子吸收法测定。

4.2.4　我国台湾地区

（1）法规及标准体系

我国台湾地区制定了所谓“土壤及地下水污染整治法”及土壤污染监测标准和管制标准（类似风险筛选值）。

根据所谓“土壤及地下水污染整治法”，污染物浓度达土壤污染管制标准者，列为污染控制场址。污染控制场址经初步评估，有严重危害人民健康及生活环境之虞，列为污染整治场址。污染物浓度低于土壤污染管制标准而达土壤或地下水污染监测标准者，应定期监测，监测结果应公告。

（2）农用地土壤标准

台湾地区“土壤污染监测标准”和“土壤污染管值标准”中，针对镉、铜、汞、铅、锌等重金属增加了食用作物农用地的标准值要求，具体见表 4-2。提取方法采用王水法浸提。

表 4-2 我国台湾地区农用地土壤标准 （单位：mg/kg）

项目	监测标准值		管制标准值	
	食用作物农用地	其他农用地	食用作物农用地	其他农用地
镉（Cd）	2.5	10	5	20
铜（Cu）	120	220	200	400
汞（Hg）	2	10	5	20
铅（Pb）	300	1 000	500	2 000
锌（Zn）	260	1 000	600	2 000

4.3 土壤环境质量标准的特点与作用

由于土壤这种环境介质本身的特殊性和复杂性，使得土壤环境质量标准不同于大气和水环境质量标准。

一是土壤环境本身具有不均匀性特点。我国土壤类型繁多，各地土壤环境背景和土壤性质空间差异性大，土壤标准确定及土壤环境质量评价不能简单采用“一刀切”的方法因此，在 GB 15618 修订时，不在标准中统一规定一个一级标准值。2021 年生态环境部组织制定颁布了背景值确定的方法标准——《区域性土壤环境背景含量统计技术导则（试行）》（HJ 1185—2021）。

二是土壤环境质量标准要因地而宜。确定土壤污染危害与风险要考虑土壤利用方式、土壤性质、受体类型、暴露途径等因素。因此，制定全国统一的土壤标准时不能完全满足所有地区的需要，根据不同地方的实际情况，有条件的时候可以制定特定区域的土壤环境质量标准；农用地土壤环境质量评价也不能简单采用“超标即污染”来评判。农用地土壤环境质量标准任何一个定值可能都与风险概率有关，不可能是一个绝对的区分“污染”与“不污染”的“阈值”。

三是土壤环境质量标准的作用。“土十条”要求实施农用地分类管理，按照农用地土壤污染程度，结合农产品协同监测情况，将农用地划分为优先保护类、安全利用类和严格管控类。为了落实上述要求，农用地土壤就质量标准应能为农用地分类管理提供依据。标准分为两级：一是筛选值。其基本内涵是土壤中污染物低于该值时，农产品污染物超标风险很低，可以忽略，该农用地原则上可划为优先保护类。二是管制值。其基本内涵是土壤中污染物高于该值时，农产品超标风险很高，该农用地原则上划为严格管控类。土壤污染物介于筛选值和管制值之间的，农产品存在超标风险，但针对某种农作物是否超标需要结合农产品协同调查确定，一般能通过农艺措施达到安全利用。

4.4　GB 15618 关于评价指标体系的考量

土壤环境质量标准在土壤环境管理中是个双刃剑，如果包括的污染物项目少，不能覆盖所有的土壤污染问题，显然是不可行的；但如果包括的污染物项目很多，又会带来监测等管理成本的增加。所以评价指标体系的构建应综合考虑全国土壤污染调查中污染物检出和超标情况、《重金属污染综合防治“十二五”规划》提出的重金属污染防控的重金属污染物、农产品质量标准污染物控制项目、其他相关标准污染物控制项目。土壤污染物项目确定依据见表 4-3，选择土壤中普遍存在、检出率较高的项目，普遍存在土壤超标情况的项目，农产品质量标准控制的项目，相关标准控制的项目，当前重金属污染重点防控项目作为土壤环境质量标准考核的项目。并依据土壤中污染物的普遍性和特殊性、突出管理重点、兼顾节约成本等因素，确定标准的指标体系。

表 4-3　土壤污染物项目确定依据汇总

污染物	检出和超标	现行土壤标准	农产品质量标准	农灌水标准	空气标准	地表水标准	地下水标准	重金属防控项目
镉	√	√	√	√		√	√	√
汞	√	√	√	√		√	√	√
砷	√	√	√	√		√	√	√
铬	√	√	√	√		√	√	√
铅	√	√	√	√	√	√	√	√
铜	√	√		√		√	√	√
镍	√	√	√				√	√
锌	√	√		√		√	√	√
锰	√						√	√
钴	√						√	√
硒	√			√		√	√	
钒	√							√
锑	√							√
铊	√							√
钼	√						√	
氟化物	√			√		√	√	
苯并[*a*]芘	√		√		√	√		
六六六	√	√					√	

续表

污染物	检出和超标	现行土壤标准	农产品质量标准	农灌水标准	空气标准	地表水标准	地下水标准	重金属防控项目
滴滴涕	√	√					√	
石油烃	√			√		√		
邻苯二甲酸酯类	√							
多氯联苯	√							
六氯苯	√							
艾氏剂	√							
氯丹	√							
硫丹Ⅰ	√							
硫丹Ⅱ	√							
狄氏剂	√							
异狄氏剂	√							
七氯	√							
灭蚊灵	√							
毒杀芬	√							

4.4.1 筛选值包含的指标

制定筛选值的项目分成基本项目和其他项目两类。

（1）基本项目

指土壤中普遍存在的污染物，对保护农产品产地土壤环境，保障农产品安全等意义重大，适用于所有地区农用地土壤环境保护与污染防治优先控制和管理的污染物项目，主要包括原 1995 版标准中的镉、汞、砷、铜、铅、铬、锌、镍 8 项无机指标。

（2）其他项目

我国自 1983 年禁止在农业生产中使用六六六和滴滴涕以来，两种污染物在农用地土壤中残留量已显著降低，基本不会成为影响稻米和小麦等农产品质量安全的污染物，但考虑到全国土壤污染状况调查显示六六六和滴滴涕在部分地区土壤中仍有一定的检出率，保留上述两种污染物作为选测指标。我国食品安全国家标准中规定了农产品苯并[*a*]芘含量限值。

我国土壤中苯并[*a*]芘有一定检出率。虽然目前尚无研究表明土壤中苯并[*a*]芘是稻米和小麦等农产品中苯并[*a*]芘的重要来源，但监控土壤中苯并[*a*]芘含量变化及风险仍有一定的必要性，所以其他项目中也规定了苯并[*a*]芘的筛选值。

另外，还有些污染物在特定的污染地区土壤中存在，对危害公众健康和生态环境的突出问题等意义较大，适用于特定地区土壤环境污染问题的监测、预警与应急管理，如锰、钴、硒、钒、锑、铊、钼、氟化物、石油烃类和邻苯二甲酸酯类等项目，暂未纳入国标中，建议在存在这些污染物问题的地区制定地方标准。

至于农药和抗生素类污染物，虽然在一些利用率较高的（特别是设施农业）土壤中检出率较高，但由于其容易降解，导致检测的重现性和稳定性存在较大问题，并且农药和抗生素类污染物不断出新、品种较多，检测方法也难以标准化。所以暂不考虑列入标准的必检项目。

4.4.2　管控值包含的指标

考虑到食用农产品的质量安全问题是目前土壤环境质量管理面临的最重要的问题，所以仅对 5 种毒性较大的土壤无机污染物（镉、汞、砷、铅、铬）规定了风险管制值。

4.5　农用地土壤筛选值和管制值制定方法学研究

4.5.1　方法体系

在现行土壤环境质量标准制定方法基础上，以保护农产品质量安全为主要目标，兼顾保护农作物的正常生长和土壤生态。对于保护农产品质量安全、农作物生长、土壤微生物的土壤阈值采取最保守原则，原则上取其中最小值作为土壤筛选值的确定依据。同时结合土壤环境管理目标、技术经济可行性等情况，综合确定土壤风险管制值。

表 4-4　农用地土壤污染风险筛选值确定的方法和依据

体系	土壤—植物体系（作物效应）		土壤—微生物体系（微生物效应）	
保护目标	保护农产品质量安全	保护作物正常生长	保持土壤生态良性循环	
依据	敏感农产品出现超标时的土壤临界含量	农作物产量变化率	一种以上的生化指标出现的变化率	微生物数量出现的变化率
评价终点	敏感农产品超过食品安全国家标准	农作物减产<10%	生化指标出现明显变化<25%	微生物数量出现明显变化<50%
标准值确定原则	取其中最小值作为土壤标准值；优先参考大田数据			

4.5.2　土壤阈值确定方法

（1）保护农产品质量安全的土壤阈值确定方法

①基于单一土壤与作物的剂量—效应回归模型推导土壤阈值

采用盆栽或者田间小区试验，在土壤中添加不同剂量的重金属，根据土壤重金属浓度与作物吸收的剂量—效应关系进行线性回归，建立预测模型；依据《食品安全国家标准 食品中污染物限量》（见表 4-5），推导重金属的土壤阈值。

表 4-5　主要农产品中污染物限量　　（单位：mg/kg）

污染物	农产品种类	标准限量值
镉	水稻	0.2
	小麦、玉米、蔬菜（根茎类）	0.1
汞	水稻、小麦、玉米	0.02
砷	水稻	0.2（以无机砷计）
	小麦、玉米	0.5
铅	水稻、小麦、玉米、蔬菜（根茎类）	0.2
铬	水稻、小麦、玉米	1.0

②基于外源添加试验的物种敏感性分布法（SSD）推导土壤阈值

参考全国土壤质量标准化技术委员会制定的《水稻安全生产的土壤砷、汞、镉、铅、铬阈值》和《种植根茎类蔬菜的旱地土壤镉、铅、铬、汞、砷安全阈值》中的方法，盆栽试验与田间小区试验相结合，将外源富集系数（the added bioaccumulation factors，BCFadd）与土壤理化性质如 pH、有机碳（organic carbon，OC）等因素进行线性回归建立预测模型，量化土壤性质与外源富集系数的关系。

外源富集系数（BCFadd）是指外源添加污染物条件下生物体内污染物的变化与其生存环境中该污染物浓度变化的比值，计算公式如下：

$$\mathrm{BCF_{add}}=\frac{C_{植物}-C_{对照植物}}{C_{土壤}-C_{对照土壤}} \tag{1}$$

式中，$C_{植物}$、$C_{对照植物}$分别是处理和对照下作物籽粒或者蔬菜中含量，mg/kg；$C_{土壤}$、$C_{对照土壤}$分别是处理和对照下土壤中 As、Hg、Cd、Pb、Cr 含量，mg/kg。生物富集的归一化经验方程如下：

$$\log_{10}(\mathrm{BCF_{add}})=a\mathrm{pH}+b\log_{10}(\mathrm{OC})+k \tag{2}$$

式中，pH 为土壤 pH 值；OC 为土壤有机质含量，g/kg；a 和 b 为无量纲参数，表示土壤性质对外源富集系数的影响程度；k 为方程的截距，表征物种内在敏感性的差异。

根据食品污染物限值和外源富集系数推导相应土壤中的重金属含量。由于不同农作物品种间的富集系数差异，采用物种敏感性分布法（species sensitivity distribution，SSD）计算不同农作物品种所对应土壤中重金属浓度的累计概率分布。通常以 HC5（hazardous concentration，HCp）作为筛选值参考值，即保护 95%的物种（相对）安全的外源添加量加上土壤背景值作为筛选值；HC95 作为管制值参考值，即 95%物种受到危害、只有 5%安全的外源添加量加上土壤背景值作为管制值。

③基于大田调查数据的物种敏感性分布法（SSD）推导土壤阈值

通过野外大田调查数据获得土壤—作物污染物富集效应敏感性分布，可按照保护不同比例水稻品种，推导土壤阈值。水稻对土壤污染物的富集效应采用富集因子（BCF，%）描述，即稻米污染物含量（$C_{稻米}$，mg/kg）与土壤中污染物含量（$C_{土壤}$，mg/kg）的比值，如公式（3）：

$$\mathrm{BCF}=\frac{C_{稻米}}{C_{土壤}}\times 100\% \tag{3}$$

大田调查采集的作物对土壤中污染物富集效应敏感分布应遵循“S”形曲线分布，利用逻辑斯蒂克分布模型（logistic）对作物富集因子和累积概率进行拟合，如公式（4）：

$$y=\frac{a}{1+\left(\dfrac{x}{x_n}\right)^b} \tag{4}$$

式中，x=1/BCF；y 为对应 x 值作物样品的累积概率，%；a、b、x_0 为常数。

通过公式（4）反推不同比例水稻存在超标风险的 1/BCF 值，如公式（5）。以镉为例，根据《食品安全国家标准食品中污染物限量》中规定的稻米中镉标准限值 0.2 mg/kg，按公式（6）推导获得土壤中镉阈值（$C_{土壤}$）：

$$\frac{1}{\mathrm{BCF}}=10\frac{\lg\left(\dfrac{a}{y}-1\right)}{b}+\lg x_0 \tag{5}$$

$$C_{土壤}=\frac{1}{\mathrm{BCF}}\times C_{稻米} \tag{6}$$

（2）保护农作物生长的土壤阈值确定方法

采用盆栽或者田间小区试验的方法，在土壤中添加不同剂量的重金属，依据土壤重金属浓度与作物产量的剂量—效应关系建立预测模型，推导农作物减产 10%时的重金属土壤阈值。

（3）保护土壤微生物的土壤阈值确定方法

采用盆栽或者田间小区试验的方法，在土壤中添加不同剂量的重金属，依据土壤重金属浓度与土壤微生物（细菌、真菌、放线菌和固氮菌）数量或者生化指标（酶活等）抑制率的剂量—效应关系建立预测模型，推导土壤微生物（细菌、真菌、放线菌和固氮菌）数量减少 50%或者生化指标（酶活等）抑制率达到 25%时的土壤阈值。

4.5.3　标准值的确定原则

（1）风险筛选值确定原则

一是从保护农产品质量、保护农作物生长和土壤生态环境的系列土壤污染物阈值中，原则上选择最小值作为确定筛选值的依据；二是在保护农产品质量的土壤阈值中，优先考虑基于大田调查数据推导的土壤阈值；三是对现行土壤环境质量标准中的标准定值，若有新的土壤阈值研究数据足以支撑修订的则进行修订完善，若没有新的土壤阈值研究数据或数据不足以支撑修订的，未作调整。

（2）风险管制值确定原则

依据“土十条”划分农用地类别的理念，即根据全国土壤污染状况调查中按土壤超标倍数进行的土壤污染程度分级，5 倍于标准值以上浓度为重度污染，作为严格管控类。利用国内最新研究获得的物种敏感性分布曲线（SSD）推导的 HC95 值（即 95%受试农作物籽粒超标对应的土壤污染物含量）进行验证；同时利用大田调查数据获得土壤污染与农产品超标情况（超标率大于 50%且超标倍数大于 2 倍的）统计分析结果进行验证，并充分考虑现阶段技术经济可行性和社会可接受性等因素综合分析确定。

4.5.4 土壤背景值采用原则

农用地土壤筛选值和管制值确定主要依据，是基于外源添加重金属进行的实验室或田间试验结果，添加量加上土壤背景值后作为土壤重金属总量指标。

在制定国家标准时，可采用全国土壤环境背景数据的 50%顺序统计分位数（中位数）或 95%顺序统计分位数作为背景值缺省值。根据我国土壤环境背景的区域差异性，对于重金属来说，一般南方地区背景值高于北方地区，所以对于水田（以水稻为主，主要分布在南方地区），背景值宜采取 95%顺序统计值，对于旱地（以小麦为主，主要分布在北方地区），背景值宜采取 50%顺序统计值（中位值）。全国土壤背景含量统计见表 4-6。

表 4-6 全国土壤背景含量统计（A 层土壤） （单位：mg/kg）

元素	样点数	顺序统计量									最大值/最小值倍数	95%值/5%值倍数
		最小值	5%值	10%值	25%值	中位数	75%值	90%值	95%值	最大值		
镉	4 095	0.001	0.016	0.024	0.046	0.079	0.121	0.187	0.264	13.4	13 400	16.5
汞	4 092	0.001	0.009	0.012	0.020	0.038	0.079	0.148	0.221	45.9	45 900	24.6
砷	4 093	0.01	2.4	3.5	6.2	9.6	13.7	20.2	27.0	626	62 600	11.3
铅	4 095	0.68	10.9	13.6	18.0	23.5	30.5	43.0	55.6	1 143	1 680	5.1
铬	4 094	2.20	17.4	23.7	40.2	57.3	73.9	94.7	118.8	1 209	550	6.8
铜	4 095	0.33	6.0	8.8	14.9	20.7	27.3	36.6	44.8	272	824	7.5
镍	4 095	0.06	5.7	9.0	17.0	24.9	33.0	42.4	51.2	627	10 450	9.0
锌	4 095	2.60	25.1	35.0	51.0	68.0	89.2	116.0	140.0	593	228	5.6

数据来源：国家环境保护局，中国环境监测总站. 中国土壤元素背景值[M]. 北京：中国环境科学出版社，1990。

4.5.5 关于土壤 pH 的分级

土壤酸碱度是土壤形成过程中所产生的一种属性，具有区域性。我国土壤酸碱度区域性差异极大，主要土类的 pH 范围见表 4-7。我国土壤酸碱度的地理分布与海洋—大陆相的降雨量有密切关系。随着降雨量的减少和蒸发量的增大，土壤酸碱度也随之由酸变碱，土壤酸碱度也有自南向北增高的趋势。我国土壤的酸碱度呈现“南酸北碱，沿海偏酸，内陆偏碱”的特点，南部的热带、亚热带湿润铁铝土，如砖红壤、赤红壤、红壤、黄壤等是我国酸性土壤区，pH 最低（pH 4.5～5.5）；北亚热带—寒温带湿润淋溶土，如黄棕壤、棕壤和暗棕壤等多为微酸性土壤区（pH 5.0～6.5）；半湿润区的半淋溶土和钙层土，如褐土、黑土等为中性土壤区（pH 6.0～7.5）；半干旱的钙层土，如黑钙土、栗钙土和黑垆土属微碱性土壤区（pH 8.0～8.5）；干旱和极端干旱的干旱土和漠土，如棕钙土、灰钙土、灰漠土、灰棕漠土和棕漠土等属于碱性土壤区（pH 8 以上，盐碱化土壤 pH 可达 9 以上）。成土母质、生物气候是决定土壤酸碱度的关键因素，但是长期的耕作历史和耕作管理也是影响土壤酸碱度短期变化的重要因素，如灌溉、施肥，尤其我国南方水稻区地过去有施用石灰的习惯，都可以引起土壤酸碱度在一定范围内的变化。

表 4-7　我国土壤的酸碱度

序号	土壤	pH	序号	土壤	pH
1	砖红壤	4.5～5.5	29	火山灰土	6.0～7.0
2	赤红壤	4.5～5.5	30	紫色土	5.0～7.5
3	红壤	4.5～6.0	31	磷质石灰土	8.0～9.5
4	黄壤	4.5～5.5	32	石质土	<6.5
5	黄棕壤	5.0～6.0	33	粗骨土	6.5～8.0
6	黄褐土	6.0～7.0	34	草甸土	4.5～9.0
7	棕壤	6.0～7.0	35	砂姜黑土	7.0～9.0
8	暗棕壤	5.5～6.5	36	山地草甸土	6.5～8.5
9	白浆土	5.5～6.5	37	林灌草甸土	8.5
10	棕色针叶林土	4.5～5.5	38	潮土	7.0～9.0
11	漂灰土	4.5～6.0	39	沼泽土	5.5～9.0
12	燥红土	6.0～7.0	40	泥炭土	4.0～7.0
13	褐土	7.0～7.5	41	草甸盐土	8.0～9.0
14	灰褐土	7.0～8.0	42	滨海盐土	7.5～8.5
15	黑土	6.0～6.5	43	酸性硫酸盐土	3.0～6.0
16	灰色森林土	6.0～7.0	44	漠境盐土	>8.5
17	黑钙土	7.0～7.5	45	碱土	>9.0
18	栗钙土	8.0～8.5	46	水稻土	5.0～8.0
19	黑垆土	7.5～8.5	47	灌淤土	8.5
20	棕钙土	8.0～9.0	48	灌漠土	8.0～8.5
21	灰钙土	8.5～9.0	49	草毡土	6.0～8.0
22	灰漠土	>8.0	50	黑毡土	6.5～7.5
23	灰棕漠土	8.0～9.5	51	寒钙土	8.0～9.0
24	棕漠土	8.0～9.5	52	冷钙土	7.5～8.5
25	黄绵土	7.8～8.5	53	冷棕钙土	7.5～8.5
26	红黏土	>8.3	54	寒漠土	7.8～9.2
27	风沙土	—	55	冷漠土	8.0～8.5
28	石灰（岩）土	7.0～8.0	56	寒冻土	7.0～8.5

土壤 pH 是影响土壤中重金属活性的首要因子。通常情况下，土壤 pH 越低，重金属活性越强、越容易在土壤中迁移，并被农作物吸收。土壤 pH 也影响土壤固相表面电荷，尤其对于我国南方红壤地区的酸性土壤，pH 越低，土壤固相表面正电荷增多，从而影响土壤固相对重金属的吸附与解吸。土壤 pH 也影响重金属在土壤中的化学沉淀与溶解过程。同时，土壤 pH 对植物生长、土壤微生物、动物等有影响。相关研究显示，近 20 年来降水、大气沉降等长期积累加剧土壤酸化，我国南方地区土壤酸化面积增加、程度增大，有些地区土壤 pH 下降了接近 1 个单位。土壤酸化结果进一步加剧了土壤重金属（尤其是镉）的活性和生物有效性，这与目前我国南方地区的大米镉超标现象关联性强。

对全国土壤污染调查采集的土壤样品 pH 分组进行统计的结果显示，土壤 pH>7.5 的土壤样品比例占 45.5%，土壤 pH 6.5～7.5 的土壤样品比例占 15.6%，土壤 pH 6.5～5.5 的土壤样品比例占 16.7%，土壤 pH<5.5 的土壤样品比例占 22.2%。因此，GB 15618 修订时细化了 pH 分级，把 pH≤5.5 从 pH<6.5 区分出来，增强对酸化地区土壤评价的针对性。结合土壤 pH 条件开展土壤环境质量评价是体现土壤分区评价的重要方式。

4.6 土壤污染风险筛选值的确定

4.6.1 土壤镉风险筛选值的确定

基于不同数据来源、保护不同目标的土壤镉阈值见表 4-8。由于大田调查的数据比添加镉的盆栽试验数据更接近实际情况，因而在最终确定土壤镉筛选值时，水田优先参考大田调查数据的推导结果，旱地因缺少关于小麦的新数据，修订后的 GB 15618—2018 仍采用原来 GB 15618—1995 的二级标准值作为筛选值。

表 4-8 土壤镉污染风险筛选值的确定 （单位：mg/kg）

确定依据		土壤 pH			
		pH≤5.5	5.5＜pH≤6.5	6.5<pH≤7.5	pH>7.5
水田	保护农产品（水稻，大田数据）	0.33	0.44	0.58	0.78
	保护农产品（水稻，SSD 法）	0.31	0.36	0.41	0.51
	保护农产品（水稻，盆栽试验）	0.26	0.56	0.95	1.8
	农作物生长（水稻）	3	8	10	13
	微生物	2.07	1	3	3
	筛选值定值	0.30	0.40	0.60	0.80
旱地	保护农产品（根茎类，SSD 法）	0.36	0.42	0.52	0.67
	保护农产品（小麦，盆栽试验）	—	—	0.3	0.6
	农作物生长（小麦）	1	15	10	10
	微生物	46.1	10	3～4	10～50
	筛选值定值	0.30			0.6

4.6.2　土壤汞风险筛选值的确定

基于保护不同保护目标的土壤汞阈值汇总于表4-9。最后水田按照水稻SSD推导的HC5值作为土壤汞筛选值，旱地参照根茎类蔬菜SSD推导的HC5值作为土壤汞筛选值。

表 4-9　土壤汞污染风险筛选值的确定　　（单位：mg/kg）

筛选值确定依据		土壤 pH			
		pH≤5.5	5.5<pH≤6.5	6.5<pH≤7.5	pH>7.5
水田	保护农产品质量（盆栽水稻，回归模型）	0.30		0.50	1.00
	保护农产品质量（盆栽水稻，SSD）	0.52	0.52	0.62	0.77
	保护作物生长	—	—	10	—
	保护微生物	—	—	0.5	3
	筛选值定值	0.50	0.50	0.6	1.0
旱地	保护农产品质量（盆栽根茎蔬菜，SSD）	1.25	1.75	2.38	3.34
	保护作物生长	—	—	30	30
	筛选值定值	1.3	1.8	2.4	3.4

4.6.3　土壤砷风险筛选值的确定

基于保护不同保护目标的土壤砷阈值汇总见表4-10。GB 15618—1995主要基于保护农作物的生长确定砷的标准。经比较水稻的土壤阈值最新研究数据及旱地仅有根茎类农产品土壤阈值研究数据（暂时没有可利用的小麦土壤阈值最新研究数据），GB 15618—2008中砷的风险筛选值仍沿用了95版标准中二级标准值

表 4-10　土壤砷污染风险筛选值的确定　　（单位：mg/kg）

筛选值确定依据		土壤 pH			
		pH≤5.5	5.5<pH≤6.5	6.5<pH≤7.5	pH>7.5
水田	保护农产品（盆栽水稻，回归模型验）	45	45	56	67
	保护农产品（盆栽水稻，SSD）	42	37	32	32
	保护农作物生长	35	35	35	20
	保护土壤微生物	30～200	30～200	30～60	27
	筛选值定值	30	30	25	20
旱地	保护农产品（盆栽小麦，回归模型）	46	46	49	30
	保护农产品（盆栽根茎，SSD）	104	84	70	59
	农作物生长	82	82	30	25
	微生物	—	—	40～60	54
	筛选值定值	40	40	30	25

4.6.4 土壤铅风险筛选值的确定

基于不同保护目标的铅的土壤阈值见表 4-11。最后水田按照水稻 SSD 推导的 HC5 值作为土壤铅的筛选值，旱地参照根茎类蔬菜 SSD 推导的 HC5 值作为土壤铅的筛选值。

表 4-11 土壤铅污染风险筛选值的确定 （单位：mg/kg）

筛选值确定依据		土壤 pH			
		pH≤5.5	5.5<pH≤6.5	6.5<pH≤7.5	pH>7.5
水田	保护农产品（盆栽水稻，SSD）	80	100	140	240
	保护农作物生长	287	342	1 500	500
	保护土壤微生物	500	500	300	500
	筛选值定值	80	100	140	240
旱地	保护农产品（盆栽根茎蔬菜，SSD）	70	90	120	170
	保护农作物生长	—	500	500	350
	保护土壤微生物	—	300	300	325
	筛选值定值	70	90	120	170

4.6.5 土壤铬风险筛选值的确定

基于不同保护目标的铬土壤阈值见表 4-12。鉴于已有数据不足以支撑标准的修订，暂时保持 95 版土壤环境质量标准中的二级标准作为水田和旱地的土壤铬筛选值。

表 4-12 土壤铬污染风险筛选值的确定 （单位：mg/kg）

确定依据		土壤 pH			
		pH≤5.5	5.5<pH≤6.5	6.5<pH≤7.5	pH>7.5
水田	保护农产品（SSD，水稻）	159	164	189	229
	保护农产品（剂量—效应，水稻）	780	—	1 750	10 152
	保护农作物生长（水稻）	375	400	380	500
	筛选值定值	250	250	300	350
旱地	保护农产品（SSD，根茎类蔬菜）	648	421	292	219
	保护农产品（剂量效应模型，小麦）	—	—	—	607
	农作物生长	—	150	—	295
	筛选值定值	150	150	200	250

4.6.6 土壤铜风险筛选值的确定

基于不同保护目标的铜土壤阈值见表 4-13。耕地土壤铜有新的保护生态阈值研究数据，对 pH<6.5 的铜的筛选值可以放宽至 80mg/kg，但考虑到原标准再使用时并无不合理之处，

故未作修订；果园暂无足够支撑数据也未做修订，皆保持 95 版二级标准值作为筛选值。

表 4-13　土壤铜污染风险筛选值的确定　　（单位：mg/kg）

确定依据		土壤 pH			
		pH≤5.5	5.5＜pH≤6.5	6.5<pH≤7.5	pH>7.5
水田	保护生态 SSD 法 HC5 值	81	84	88	94
	保护农作物生长（剂量—效应）	45	—	136	100
	保护土壤微生物	60	—	130	160
旱地	保护农作物生长（剂量—效应）	—	—	123	100
	保护土壤微生物	60	—	230	185
除果园外其他用地筛选值定值		50	50	100	100
果园土壤筛选值定值		150	150	200	200

4.6.7　土壤镍风险筛选值的确定

结合土壤镍生态阈值的最新研究成果，确定土壤镍的风险筛选值见表 4-14。

表 4-14　土壤镍污染风险筛选值的确定　　（单位：mg/kg）

土壤 pH	pH≤5.5	5.5＜pH≤6.5	6.5<pH≤7.5	pH>7.5
土壤生态阈值 HC5	58	70	102	189
筛选值定值	60	70	100	190

4.6.8　土壤锌风险筛选值的确定

制定 GB 15618—1995 时，主要参考国外标准确定了 pH＜6.5 的土壤为 200 mg/kg；6.5<pH<7.5 的土壤为 250 mg/kg；pH>7.5 的土壤为 300 mg/kg。鉴于目前国内对锌的污染研究资料仍然缺少，没有可利用的新数据，所以 GB 15618—2018 仍保留 95 版的二级标准值作为土壤锌风险筛选值，见表 4-15。

表 4-15　土壤锌污染风险筛选值的确定　　（单位：mg/kg）

土壤 pH	pH≤5.5	5.5＜pH≤6.5	6.5<pH≤7.5	pH>7.5
筛选值	200	200	250	300

4.6.9　土壤中苯并[*a*]芘含量限值确定

GB 15618—1995 未对土壤中苯并[*a*]芘规定含量限值。国内对农用地土壤苯并[*a*]芘污染危害临界含量值的研究较少，主要参照加拿大的农用地土壤标准 0.1 mg/kg 进行定值。

根据第一次全国土壤污染状况调查数据，我国土壤中苯并[*a*]芘的含量最小值为

0.005 μg/kg，最大值为 750 μg/kg，顺序统计量 75%的值是 4.14 μg/kg、95%的值是 9.33 μg/kg。全国土壤污染调查采用 0.1 mg/kg 为评价标准，结果显示，总点位超标率为 1.4%。其中轻微超标为 0.8%，轻度超标为 0.2%，中度超标为 0.2%，重度超标为 0.2%。综上所述，农用地土壤苯并[*a*]芘的限值暂定为 0.1 mg/kg。

4.6.10 六六六和滴滴涕标准值的调整

GB 15618—1995 中六六六和滴滴涕限值为 0.5 mg/kg，主要根据 20 世纪 80 年代我国土壤六六六和滴滴涕污染状况和残留水平确定的。我国从 1983 年起禁止使用六六六和滴滴涕，经过 30 多年自然消解，土壤中六六六和滴滴涕含量水平已显著降低。根据“十一五”全国土壤污染调查数据显示，耕地土壤中六六六检出率为 59.8%，含量范围为 0.006～533 μg/kg，75%分位数值为 4.01 μg/kg。滴滴涕检出率 64%，含量范围为 0.01～1 720 μg/kg，75%分位数值为 12.4 μg/kg。因此，我国农业土壤中六六六和滴滴涕残留量不存在大面积污染问题，只在局部地区或区域还有一定检出率，保留土壤中六六六和滴滴涕农药项目，继续监控特定地区土壤中六六六和滴滴涕残留变化及其对公众健康的影响仍具有一定的意义。根据目前土壤中六六六和滴滴涕农药残留的水平，适当加严六六六和滴滴涕含量限值是可行的。《食用农产品产地环境质量评价标准》（HJ 332—2006）规定六六六和滴滴涕限值为 0.1 mg/kg，全国土壤污染状况评价也以其为评价标准。结果显示，土壤中六六六的点位超标率为 0.5%，滴滴涕为 1.9%。鉴于此，GB 15618—2018 中筛选值定为 0.1 mg/kg，见表 4-16。

表 4-16　农用地土壤六六六和滴滴涕的建议筛选值　（单位：mg/kg）

序号	污染物项目	含量限值
1	六六六总量①	0.10
2	滴滴涕总量②	0.10

注：①六六六总量为 *α*-六六六、*β*-六六六、*γ*-六六六、*δ*-六六六四种异构体总和。

②滴滴涕总量为 *p*，*p*'-DDE、*p*，*p*'-DDD、*o*，*p*'-DDT、*p*，*p*'-DDT 四种衍生物总和。

4.6.11 其他选测项目含量限值建议

锰、钴、硒、钒、锑、铊、钼、氟化物、石油烃类、邻苯二甲酸酯类等 10 种土壤污染物项目，在全国尺度上的分布和土壤含量不均匀，不具有全国普遍性，但在部分地区由于自然背景、矿产开采冶炼等情况的不同而表现出局部环境问题突出，建议作为可选的标准项目在特殊地区实施，见表 4-17。

表 4-17　农用地土壤污染物其他选测项目建议筛选值　（单位：mg/kg）

序号	污染物项目	含量限值
1	总锰	1 200
2	总钴	20

续表

序号	污染物项目	含量限值
3	总硒	3.0
4	总钒	140
5	总锑	3.0
6	总铊	1.0
7	总钼	6.0
8	氟化物（水溶性氟）	5.0
9	石油烃总量①	500
10	邻苯二甲酸酯类总量②	10

注：①石油烃总量为 C_6～C_{36} 总和。

②邻苯二甲酸酯类总量为邻苯二甲酸二甲酯（DMP）、邻苯二甲酸二乙酯（DEP）、邻苯二甲酸二正丁酯（DnBP）、邻苯二甲酸二正辛酯（DnOP）、邻苯二甲酸双 2-乙基己酯（DEHP）、邻苯二甲酸丁基苄基酯（BBP）六种物质总和。

这些项目的参考限值规定原则：

一是以“七五”土壤环境背景值数据和“十一五”全国土壤污染状况调查数据为依据，以顺序统计值的 95%的分位值作为筛选值；

二是参考国际上有些国家（加拿大、德国、荷兰等）的农用地土壤标准；

三是根据国内已有的研究资料成果。

（1）锰

“七五”土壤环境背景调查数据显示，我国土壤中锰的含量最小值 1 mg/kg，最大值 5 888 mg/kg，顺序统计量 75%的值是 711 mg/kg、95%的值是 1 227 mg/kg。“十一五”土壤调查数据显示，土壤中锰的含量最小值 69.8 mg/kg，最大值 3 847 mg/kg，顺序统计量 75%的值是 722 mg/kg、95%的值是 1 130 mg/kg。澳大利亚保护土壤及地下水调研值为 1 500 mg/kg。经综合考虑，建议我国农业用地土壤锰的筛选值定为 1 200 mg/kg。

（2）钴

“七五”土壤环境背景调查数据显示，我国土壤中钴的含量最小值 0.01 mg/kg，最大值 93.9 mg/kg，顺序统计量 75%的值是 15.4 mg/kg、95%的值是 24.3 mg/kg。“十一五”土壤调查数据显示，土壤中钴的含量最小值 2.40 mg/kg，最大值 59.9 mg/kg，顺序统计量 75%的值是 15.8 mg/kg、95%的值是 24.0 mg/kg。加拿大农业土壤钴标准限值为 40 mg/kg。捷克农业土壤钴标准限值：轻质土壤为 25 mg/kg，非轻质土壤为 50 mg/kg。波兰农业土壤钴标准限值为 20 mg/kg。瑞典敏感土地土壤钴标准限值为 30 mg/kg。经综合考虑，建议我国农业用地土壤钴的筛选值暂定为 20 mg/kg。

（3）硒

“七五”土壤环境背景调查数据显示，我国土壤中硒的含量最小值 0.006 mg/kg，最大值 9.13 mg/kg，顺序统计量 75%的值是 0.35 mg/kg、95%的值是 0.83 mg/kg。“十一五”土壤调查数据显示，土壤中硒的含量最小值 0.02 mg/kg，最大值 2.43 mg/kg，顺序统计量 75%的值是 0.32 mg/kg、95%的值是 0.74 mg/kg。加拿大农业土壤硒标准限值为 1.0 mg/kg，丹麦土壤硒生态毒理基准限值为 1.0 mg/kg，意大利公共绿地土壤硒标准限值为 3 mg/kg，立陶宛土壤硒最大允许量为 5 mg/kg。硒是人体健康需要的微量元素，我国是土壤缺硒的国家，农产品中适度补硒有利于健康，但过量也对人体产生不良影响。国内有研究建议土壤硒临界值为 3 mg/kg。经综合考虑，建议我国农业用地土壤硒的筛选值暂定为 3.0 mg/kg。

（4）钒

“七五”土壤环境背景调查数据显示，我国土壤中钒的含量最小值 0.46 mg/kg，最大值 1 264 mg/kg，顺序统计量 75%的值是 96.6 mg/kg、95%的值是 148.2 mg/kg。“十一五”土壤调查数据显示，全国土壤中钒的含量最小值 17.7 mg/kg，最大值 343 mg/kg，顺序统计量 75%的值是 99.0 mg/kg、95%的值是 148 mg/kg。荷兰规定的土壤临界暴露值为 2.0 μg/（kg 体重·d）。加拿大农业用地土壤钒标准限值为 130 mg/kg。奥地利农业用地土壤钒标准限值为 50 mg/kg。捷克农业土壤钒标准限值：轻质土壤为 150 mg/kg，非轻质土壤为 220 mg/kg。立陶宛土壤钒标准值为 150 mg/kg。瑞典敏感土地土壤标准限值为 120 mg/kg。意大利公共绿地土壤钒标准限值为 90 mg/kg。芬兰土壤钒临界限值为 100 mg/kg。经综合考虑，建议我国农业用地土壤钒的筛选值暂定为 140 mg/kg。

（5）锑

“七五”土壤环境背景调查数据显示，我国土壤中锑的含量最小值 0.002 mg/kg，最大值 87.6 mg/kg，顺序统计量 75%的值是 1.42 mg/kg、95%的值是 2.89 mg/kg。“十一五”土壤调查数据显示，全国土壤中锑的含量最小值 0.07 mg/kg，最大值 8.33 mg/kg，顺序统计量 75%的值是 1.14 mg/kg、95%的值是 2.58 mg/kg。加拿大农业用地土壤锑标准限值为 20 mg/kg。奥地利农业用地土壤锑标准限值为 2 mg/kg。意大利公共绿地土壤锑标准限值为 10 mg/kg。芬兰土壤锑临界限值为 2 mg/kg。经综合考虑，建议我国农业用地土壤锑的筛选值暂定为 3.0 mg/kg。

（6）铊

“七五”土壤环境背景调查数据显示，我国土壤中铊的含量最小值 0.036 mg/kg，最大值 2.38 mg/kg，顺序统计量 75%的值是 0.737 mg/kg、95%的值是 1.04 mg/kg。“十一五”土壤调查数据显示，土壤中铊的含量最小值 0.19 mg/kg，最大值 2.6 mg/kg，顺序统计量 75%的值是 0.86 mg/kg、95%的值是 1.31 mg/kg。荷兰规定土壤临界暴露值为 0.2 μg/（kg 体重·d）。加拿大农业用地土壤铊标准限值为 1 mg/kg。综合考虑建议铊的筛选量为 1.0 mg/kg。

（7）钼

“七五”土壤环境背景调查数据显示，我国土壤中钼的含量最小值 0.10 mg/kg，最大值 75.1 mg/kg，顺序统计量 75%的值是 2.3 mg/kg、95%的值是 7.0 mg/kg。“十一五”土壤调查数据显示，土壤中钼的含量最小值 0.081 mg/kg，最大值 9.62 mg/kg，顺序统计量 75%的值是 1.22 mg/kg、95%的值是 3.04 mg/kg。荷兰规定土壤钼临界暴露值为 10 μg/（kg 体重·d）。国内有学者研究了 20 多种作物对土壤钼的富集能力，不同作物钼富集系数（有效量计）从大到小依次为：稻米>大豆>豇豆>花生>扁豆>丝瓜>芥菜>小白菜>茄子>芹菜>花菜>番薯>黄瓜>芋头>苦瓜>菠菜>包菜>西红柿>甜椒>白萝卜>六角瓜>莴苣。水稻是对土壤钼富集能力较强的作物。计算得出相应的土壤有效钼临界值为 0.8 mg/kg，相当于全钼 5.8 mg/kg。综合考虑，建议土壤钼的筛选值为 6 mg/kg。

（8）氟化物

“七五”土壤环境背景值调查显示，我国土壤中氟化物的最小值为 50 mg/kg，最大值为 3 467 mg/kg，90%分位值为 721 mg/kg，95%分位值为 850 mg/kg。“十一五”土壤调查数据显示，土壤中氟化物的含量最小值 115 mg/kg，最大值 2 183 mg/kg，顺序统计量 75%的值是 652 mg/kg、95%的值是 926 mg/kg。

氟是人和动物必需的微量元素，适量的氟对维持人体正常钙、磷代谢，对神经传导、细胞酶活性等有一定的作用；但过量氟会使人和牲畜发生氟中毒，危害人和动物健康。土壤中氟的存在形态，一般可分为水溶态、交换态、铁锰氧化物态、有机束缚态和残余固定态。其中，水溶态、交换态对生物有较高的有效性，有机束缚态对生物的有效性较低，而铁锰氧化物态和残余固定态对生物为非有效性。一般土壤中残余固定态含量占绝大数量，约占总量的 99%以上。耕作土壤水溶性氟的含量为 0.27～5.39 mg/kg，几何平均值为 1.4 mg/kg，耕作土壤的水溶性氟在总氟中所占的比例很小，在酸性土壤中，该比值平均为 0.1%左右，最低为 0.03%；碱性土壤比值较高，大部分在 1%～3%，个别土壤可高达 6.22%。土壤中的氟以水溶性氟与环境的关系最为密切，能直接对地表水、地下水、植物、人畜产生影响。土壤中水溶性氟含量高的地区可影响植物的生长，发生地方性氟疾病，损害人体健康。地氟病是一种严重危害人民生命和健康的地方病，轻者患氟斑牙，重者患氟骨病、肾损伤及诱发心血管病等。国内有人研究得出植物叶氟含量不超过对食草动物产生氟中毒浓度（40～50 mg/kg）时的土壤允许的氟量，其土壤氟的环境质量指标为水溶性氟含量 5 mg/kg。斯洛伐克制定的土壤—食用植物途径的农业土壤氟标准限值为水溶性氟 5 mg/kg。经综合考虑，建议我国农业用地土壤氟化物筛选值暂定为土壤水溶性氟物（以氟计）5.0 mg/kg。

（9）石油烃类

石油烃污染主要发生在油田及周边土壤、污灌区等。“十一五”对污灌区土壤中石油烃总量含量调查结果显示，中值为 21.9 mg/kg，几何均值为 15.2 mg/kg。国内对农用地石油烃污染研究相对较少。全国土壤污染状况调查建议的评价标准为 500 mg/kg。我国台湾地区土壤污染管制标准为 1 000 mg/kg。经综合考虑，建议石油烃总量筛选值暂定为 500 mg/kg。

（10）邻苯二甲酸酯类

“十一五”土壤调查数据显示，我国土壤中邻苯二甲酸酯类总量最小值 0.000 1 mg/kg，最大值 40.698 mg/kg，顺序统计量 75%的值是 0.3 mg/kg、95%的值是 1.406 mg/kg。国内对农用地土壤中邻苯二甲酸酯类的污染影响研究较少，全国土壤污染调查建议的评价标准为 10 mg/kg，建议筛选值仍定为 10 mg/kg。

4.7 土壤污染风险管制值的确定

4.7.1 土壤镉管制值的确定

基于水稻品种 SSD 法推导的土壤镉 HC95 值，或采用经验校正后以水稻品种 SSD 法推导的土壤镉 HC5 值的 5 倍值作为 HC95 值，同时基于大田调查水稻富集系数 SSD 法推导的土壤镉 HC95 值，并与全国土壤污染状况调查镉的评价标准的 5 倍值进行比较，最终确定土壤镉管制值见表 4-18。

表 4-18 土壤镉污染风险管制值的确定 （单位：mg/kg）

管制值确定依据	土壤 pH			
	pH≤5.5	5.5＜pH≤6.5	6.5<pH≤7.5	pH>7.5
大田水稻 SSD 法 HC95 值	1.51	2.01	2.43	3.53
水稻盆栽 SSD 法 HC95 值	0.85	1.67	1.77	3.88
水稻盆栽 HC5 的 5 倍值	1.55	1.80	2.05	2.55
土壤调查评价标准*的 5 倍值	1.5	1.5	1.5	3.0
管制值定值	**1.5**	**2.0**	**3.0**	**4.0**

*指《全国土壤污染状况评价技术规定》（环发〔2008〕39 号），下同。

4.7.2 土壤汞风险管制值的确定

基于水稻品种 SSD 法推导的土壤砷 HC95 值，或采用经验校正后以水稻品种 SSD 法推导的土壤砷 HC5 值的 5 倍值作为 HC95 值，另外考虑小麦不易吸收土壤中汞，对 pH 大于 6.5 和 7.5 时，分别提高了校正倍数 6 和 7 倍，同时与上次全国土壤污染状况调查汞的评价标准的 5 倍值进行比较，最后确定土壤汞风险管制值见表 4-19。

表 4-19 土壤汞污染风险管制值确定 （单位：mg/kg）

管制值确定依据	土壤 pH			
	pH≤5.5	5.5＜pH≤6.5	6.5<pH≤7.5	pH>7.5
水稻盆栽 SSD 法 HC95 值	0.95	1.15	1.41	1.75
水稻盆栽 SSD 法 HC5 的 5～7 倍值	2.6	2.6	3.7	5.4
土壤调查标准的 5 倍值	1.5	1.5	2.5	5.0
管制值定值	**2.0**	**2.5**	**4.0**	**6.0**

4.7.3 土壤砷风险管制值的确定

基于水稻品种 SSD 法推导的土壤砷 HC95 值，或采用经验校正后以水稻品种 SSD 法推导的土壤砷 HC5 值的 5 倍值作为 HC95 值，同时与上次全国土壤污染状况调查砷的评价标准的 5 倍值进行比较，最后确定土壤砷风险管制值，见表 4-20。

表 4-20　土壤砷污染风险管制值确定　（单位：mg/kg）

土壤砷管制值确定依据	土壤 pH			
	pH≤5.5	5.5＜pH≤6.5	6.5<pH≤7.5	pH>7.5
水稻盆栽 HC95	114	94	87	71
水稻盆栽 HC5 的 5 倍值	210	185	160	160
土壤调查标准的 5 倍值	150	150	125	100
管制值定值	**200**	**150**	**120**	**100**

4.7.4　土壤铅风险管制值的确定

基于水稻品种 SSD 法推导的土壤铅 HC95 值，或采用经验校正后以水稻品种 SSD 法推导的土壤铅 HC5 值的 5 倍值作为 HC95 值，同时与上次全国土壤污染状况调查铅的评价标准的 5 倍值进行比较，最后确定土壤铅风险管制值见表 4-21。

表 4-21　土壤铅污染风险管制值确定　（单位：mg/kg）

管制值确定依据	土壤 pH			
	pH≤5.5	5.5＜pH≤6.5	6.5<pH≤7.5	pH>7.5
水稻盆栽 HC95 值	138	224	399	753
水稻盆栽 HC5 的 5 倍值	430	480	705	1 180
土壤调查标准的 5 倍值	400	400	400	400
管制值定值	**400**	**500**	**700**	**1 000**

4.7.5　土壤铬风险管制值的确定

基于水稻品种 SSD 法推导的土壤铬 HC95 值，或采用经验校正后以水稻品种 SSD 法推导的土壤铬 HC5 值的 5 倍值作为 HC95 值，同时与上次全国土壤污染状况调查铬的评价标准的 5 倍值进行比较，最后确定土壤铬风险管制值见表 4-22。

表 4-22　土壤铬污染风险管制值确定　（单位：mg/kg）

管制值依据	土壤 pH			
	pH≤5.5	5.5＜pH≤6.5	6.5<pH≤7.5	pH>7.5
水稻盆栽 HC95 值	233	289	374	503
水稻盆栽 HC5 的 5 倍值	795	820	945	1 145
土壤调查标准的 5 倍值	750	750	1 000	1 250
管制值定值	**800**	**850**	**1 000**	**1 300**

第 5 章　农用地土壤环境质量评价与等级划分方法研究

5.1　土壤环境质量评价的类型

5.1.1　按评价的阶段分类

按评价阶段分为土壤环境质量评价和土壤污染风险评价两个阶段。

土壤污环境质量评价就是评价土壤中的污染物（元素或化合物）是否发生了累积，以及这种累积是否达到一定的阈值。前者就是对照背景值的累积性评价，后者是对照标准的超标评价。实践中由于背景值的确定比较复杂，往往先对照标准初步判断使用的安全性，超标后再与背景比较。对照背景的评价，可以回顾一个区域土壤环境质量的发展演变过程，预测演变趋势。

土壤污染风险评价是对已经发生或潜在的土壤污染导致对生态安全、人体健康以及社会经济发展产生不利影响的可能性进行判断的分析过程。农用地土壤环境质量评价既有超标评价，也有土壤环境累积性评价，以及针对农业利用的土壤污染风险评价。

5.1.2　按土地用途分类

土壤环境质量评价按土地用途分为农用地土壤环境质量评价、建设用地土壤环境质量评价和未利用地的土壤环境质量评价。建设用地土壤环境质量评价又细分为住宅类用地方式和工业类用地方式的土壤环境质量评价。不同用途的土壤，环境受体不同，环境受体暴露于土壤污染物的方式不同，有不同的土壤污染物含量阈值，因而环境质量评价采用不同的评价标准。

5.1.3　按调查评价精度分类

土壤环境质量评价目的不同，评价的范围大小不同，所要求的精度也不一样。

①详细比例尺：底图或成图比例尺为 1：200～5 000，一般用于一个污染场地、一个村庄、一个试验区或一个田块的土壤环境质量状况调查。

②大比例尺：底图或成图比例尺为 1∶10 000～25 000，一般用于乡镇辖区或一个城市的城区范围的土壤环境质量状况调查。

③中比例尺：底图或成图比例尺为 1∶50 000～1∶200 000，一般用于县级到市级辖区范围内土壤环境质量状况的调查。

④小比例尺：底图或成图比例尺小于 1∶200 000，多用于用于全国或大的流域、经济区范围内土壤环境质量状况的调查。

5.1.4　按评价目的分类

我国土壤环境管理实践中经常遇到不同目的、不同尺度的土壤环境质量评价。

较大尺度的区域性的土壤环境质量评价，如区域土壤环境质量调查、土壤环境例行监测中的土壤环境质量评价。由于土壤类型复杂，土地利用方式多样，关注的受体不单一，一般只能进行对照标准和背景的土壤环境质量初步评价。

较小尺度的田块级的土壤环境质量评价，如农产品产地质量认证、土壤污染事故调查等，往往土壤类型变异小、土地利用方式单一，关注的受体也单一，所以在土壤环境质量初步评价中若发现有超标和超背景的情形，可进行详细的土壤污染调查和风险评价。

5.2　土壤环境质量评估方法比较

土壤环境质量评价主要的评价方法如图 5-1 所示。

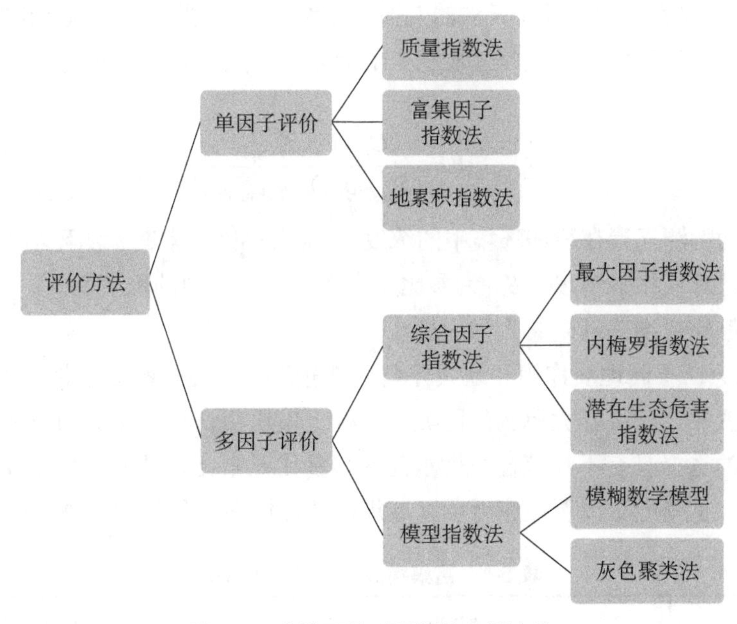

图 5-1　土壤环境质量评价主要方法

5.2.1 单因子评价

（1）单因子指数法

单因子指数是一种相对的无量纲指数，在我国土壤重金属污染环境质量评价中，单因子污染指数是最常用评价方法。单因子指数法公式为：

$$P_i = \frac{C_i}{S_i} \tag{1}$$

式中，P_i为土壤中污染物 i 的单因子污染指数；C_i为调查点位土壤中污染物 i 的实测浓度；S_i为污染物 i 的评价标准值或参考值。

根据 P_i 的大小，可将土壤污染程度分级。

单因子指数法对土壤污染物单一的土壤环境质量评价很适用，简便明了，作为无量纲指数，具有可比较的等价特性。在存在多种污染物的情况下，需要按每种污染物来分别比较土壤环境质量的不同方面，也便于对存在的不同类型的环境问题提出具有针对性的管理对策，是其他环境质量指数、环境质量分级和综合评价的基础。

但也有人认为，该公式并非完全等价，还有进一步修正的必要。因为 C_i 和 S_i 都包含两部分，一部分是土壤的背景含量，它是相对稳定的；另一部分是污染的量，它是指数所要表明的部分。由于土壤中各污染物的背景含量差异甚大，不同的数值包含土壤质量标准时，它们所占的份额就十分不同。此外，单因子指数只能分别反映各个污染物的污染程度，不能全面、综合地反映土壤的污染程度。

（2）富集因子法

选择满足一定条件的元素作为参比元素，然后将样品中元素的浓度与参比元素的浓度进行对比，以此来判断表生环境介质中元素的人为污染状况。富集指数与土壤污染等级见表 5-1。

一般选择表生过程中地球化学性质稳定的元素，常用的参比元素为 Mn、Ti、Al、Fe、Ca、Sc。

计算公式：

$$\mathrm{EF} = \frac{(C_{\mathrm{n}} / C_{\mathrm{ref}})_{\mathrm{sample}}}{(B_{\mathrm{n}} / B_{\mathrm{ref}})_{\mathrm{backgrounde}}} \tag{2}$$

式中，C_{n}为特测元素在所测环境中的浓度；C_{ref}为参比元素在所测环境中的浓度；B_{n}为待测元素在背景环境中的浓度；B_{ref}为参比元素在背景环境中的浓度。

优点：能够比较准确地判断人为污染状况。

缺点：（1）在不同地质作用和地质环境下，重金属元素与参比元素地壳平均质量分数的比率会发生变化，如果在大范围的区域内进行土壤质量评价，富集因子就会存在偏差；（2）参比元素的选择具有不规范性、微量元素与参比元素比率的稳定性难以保证以及背景值的不确定性，富集因子尚不能应用于区域规模的环境地球化学调查中。

表 5-1 富集指数与土壤污染等级

序号	EF 值	污染等级
1	EF≤1	无污染

续表

序号	EF 值	污染等级
2	1< EF≤2	轻度污染
3	2< EF≤5	中度污染
5	5< EF≤20	重度污染
6	20< EF≤40	严重污染
7	EF>40	极重污染

（3）地累积指数法

评价重金属的污染，除必须考虑到人为污染因素、环境地球化学背景值外，还应考虑到由于自然成岩作用可能会引起背景值变动的因素。计算公式如下：

$$I_{\text{geo}} = \log_2\left[C_n / KB_n\right] \tag{3}$$

式中，C_n为土壤中某元素的含量；B_n为地壳中元素的含量；K为考虑各地岩石差异可能引起背景值的变动而取的系数（一般取值为K=1.5）。一般地累积指数与土壤污染等级见表 5-2。

表 5-2　一般地累积指数与土壤污染等级

序号	P 内值	污染等级
1	$I_{\text{geo}}\leqslant 0$	无污染
2	$0< I_{\text{geo}}\leqslant 1$	无—中度污染
3	$1< I_{\text{geo}}\leqslant 2$	中度污染
5	$2< I_{\text{geo}}\leqslant 3$	中度—重度污染
6	$3< I_{\text{geo}}\leqslant 4$	重度污染
7	$4< I_{\text{geo}}\leqslant 5$	重度—极重度
8	$I_{\text{geo}} >5$	极重污染

优点：地累积指数法考虑了人为污染因素、环境地球化学背景值，还特别考虑到自然成岩作用对背景值的影响，给出很直观的重金属污染级别。

缺点：该方法只能给出各采样点某种重金属的污染指数，无法对元素间或区域间环境质量进行比较分析，需结合综合的评价方法进行。另外，背景值的选用也直接影响到评价结果。

5.2.2　综合污染指数法

土壤存在多种污染物情况下，可采用综合污染指数法表征土壤环境质量状况。综合指数法具有易懂、易学、易算和易操作等特殊优点，被广大科技工作者采用。常用的环境质量综合指数法包括简单叠加法、算术平均法、加权平均法、均方根法、平方和的平方根法、内梅罗指数法等。各种综合指数模式都普遍存在通病，即评价失效、模糊了环境问题。

（1）多因子指数加和法

多因子指数加和法公式为：

$$P=\sum\frac{C_i}{S_i} \tag{5}$$

式中，P 为土壤中各参评污染物污染指数和；C_i、S_i 意义同上。

优点：方法简单易操作。

缺点：容易掩盖单个污染物存在的问题，评价结果不具可比性。

举例见表 5-3，两个点位 3 种污染物超标评价的数据，2 个点位单因子指数加和后的综合指数虽然相同，但土壤环境质量状况可能大不同，点位Ⅰ三种污染物都不超标，点位Ⅱ铅已超标。

表 5-3　评价数据举例

采样（评价）点位	单因子污染指数			多因子污染指数加和
	P_{Pb}	P_{As}	P_{Cd}	
点位Ⅰ	0.7	0.4	0.5	1.6
点位Ⅱ	1.2	0.2	0.2	1.6

（2）多因子指数算数平均法

多因子指数算数平均法公式为：

$$P=\frac{1}{n}\sum\frac{C_i}{S_i} \tag{6}$$

式中，P 为土壤中各参评污染物污染指数算数均值；C_i、S_i 意义同上。

该方法的优缺点同加和法。

（3）加权平均法：引入加权值可以反映不同污染物对土壤环境的影响，但权重的确定不易做到客观准确。

$$P=\sum W_i\frac{C_i}{S_i} \tag{7}$$

式中：P 为土壤中各参评污染物污染指数加权和；W_i 为污染物对土壤环境质量影响的权重，$\sum W_i=1$；C_i、S_i 意义同上。

（4）均方根法：与算术平均法的优缺点基本相同。

$$P=\sqrt{\frac{1}{n}\sum\left(\frac{C_i}{S_i}\right)^2} \tag{8}$$

式中，P 为土壤中各参评污染物污染指数均方根；C_i、S_i 意义同上。

（5）内梅罗指数法：指数形式简单，兼顾了最高单因子指数和平均单因子指数的影响，但过分强调了最高分指数的影响，掩盖了污染物种类。

$$P_{\mathrm{N}}=\sqrt{\frac{P_{i均}^{2}+P_{i最大}^{2}}{2}} \tag{9}$$

式中，P_{N}为内梅罗指数；$P_{i均}$和$P_{i最大}$分别是平均单项污染指数和最大单项污染指数。

内梅罗指数法是 HJ/T 166—2004 推荐的评价方法之一，按内梅罗污染指数划定的污染等级见表 5-4。

表 5-4　土壤内梅罗污染指数评价标准

等级	P_{N} 值	污染等级
Ⅰ	$P_{\mathrm{N}}\leqslant 0.7$	清洁（安全）
Ⅱ	$0.7< P_{\mathrm{N}}\leqslant 1.0$	尚清洁（警戒限）
Ⅲ	$1.0< P_{\mathrm{N}}\leqslant 2.0$	轻度污染
Ⅳ	$2.0 < P_{\mathrm{N}}\leqslant 3.0$	中度污染
Ⅴ	$P_{\mathrm{N}} >3.0$	重污染

优点：可以全面反映各污染物对土壤的不同作用，突出高浓度污染物对环境质量的影响，方法简单易操作。

缺点：过分突出污染指数最大的污染物对环境质量的影响和作用，在评价时可能会人为夸大浓度高的因子或缩小浓度低的因子的影响作用。

内梅罗指数法比较适合于小尺度的田块的调查评估，存在的污染物比较明确，参评的污染物的种类相同，内梅罗指数能够表达不同点位的土壤环境质量状况的相对优劣。而对于大尺度的区域土壤环境质量状况调查评价，环境问题差别较大，不同单元存在的污染物种类亦不尽相同，内梅罗指数可能不容易反映各单元的土壤环境质量的相对优劣。

（6）潜在危害生态指数法

首先，求单项污染系数，单项污染系数=土壤重金属含量/背景值。

然后，引入重金属毒性响应系数，得到潜在生态危害单项系数，最后加权得到此区域土壤中重金属的潜在生态危害指数。

考虑到不同重金属的毒性大小不同。

计算公式如下：

$$\mathrm{RI}=\sum_{i=1}^{n}T_r^iC_r^i=\sum_{i=1}^{n}T_r^iC_{实测}^i/C_n^i \tag{10}$$

式中，RI 为采样点多种重金属综合潜在生态危害指数；T_r^i 为采样点某一重金属的毒性响应系数（根据 Hakanson 制定的标准化重金属毒性系数得到）；C_r^i 为该元素的污染系数；$C_{实测}^i$ 为该元素的实测含量；C_n^i 为该元素的评价标准。

优点：将环境生态效应与毒理学联系起来，使评价更侧重于毒理方面，对其潜在的生态危害进行评价，不仅可以为环境的改善提供依据，还能够为人们的健康生活提供科学参照。

缺点：土壤中存在多种重金属的复合污染，应进一步考虑各重金属之间毒性加权或拮抗作用，同时美国国家环保局提出的毒性响应系数主要适用于大气的环境评价，若应用于土壤重金属环境评价需根据实际情况对之进行修正，可根据重金属元素在各环境物质中（如岩石、淡水、土壤、陆生动植物等）的丰度来进行修正计算。

表 5-5　潜在危害生态指数与污染等级

序号	RI 值	污染等级
1	RI≤150	轻微污染
2	150< RI≤300	中等污染
3	300< RI≤600	强污染
5	600< RI≤1 200	很强污染
6	RI＞1 200	极强污染

5.2.3　模糊综合评价法

农用地土壤环境质量的复杂性和动态变化性使得农用地环境质量具有一定程度的模糊性，针对农用地土壤环境质量与土壤环境质量构成因素之间的规律性，引入模糊综合评价模型，以便较好地表现出其客观实在性。

模糊数学方法可以通过隶属度描述土壤重金属污染状况的渐变性和模糊性，使评价结果更加准确可靠，目前已经应用于土壤重金属污染综合评价。此法是利用土壤质量分级差异中间过渡的模糊性，将土壤污染问题按照不同分级标准，通过建立隶属函数区间内连续取值来进行评价的方法。主要步骤有建立因素集—确定评价集—建立隶属函数—确定加权模糊向量—模糊复合函数计算。在模糊综合评价方法中，一个元素对于一个模糊集合的隶属程度在 0～1 变化，而当这个元素是属于这个集合，其隶属度为 1，就无法再体现该元素在集合内的相对重要程度。因此说隶属函数与无法体现级别区间内的变化。传统的模糊权都是从数学理论的角度来确定，模糊综合评价法获取权重的方法不外乎层次分析法、专家判断法、比标法、德尔菲法等。但这些方法没有一种是绝对占优的，而且，这些方法（除比标法）对于不同指标仅给出一个定权重值，这在许多情况下是不合适的，如对某些指标，其污染值超过一定量值时可能使人致残甚至致死，此情况下该指标权重应占绝对优势。换句话说，实际某指标的权重值应该是变化的。

单项污染指数对于污染物而言，其指标值越高，表示质量越差，但到某一临界值后，其副作用趋于恒定，其隶属函数为：

$$\begin{cases} 1 & x < a \\ C(x)_j = (b - x)/(b-a) & a \leqslant x \leqslant b \\ 0 & x > b \end{cases} \tag{11}$$

综合污染指数

$$M_i = \sum_{j=1}^{n} W_j \times C(x)_j \tag{12}$$

式中，M_i 为监测点 i 的土壤综合污染指数；n 为评价指标的总数；W_j 为第 j 个评价指标的权系数；$C(x)_j$ 为第 j 个评价指标的单项污染指数；x 为各单项指标的实测值；a、b 分别为各单项指标的上限和下限值。指标权系数是采用德尔菲咨询法，通过问卷调查的形式客观综合多数专家经验与主观判断，再进行统计分析，确定指标体系的权重。

单项污染指数标准为：$C(x)_j<1$ 为非污染；$1\leqslant C(x)_j\leqslant 2$ 为轻污染；$2<C(x)_j\leqslant 3$ 为中污染；$C(x)_j>3$ 为重污染。综合污染指数分级标准为：$M_i\leqslant 0.7$ 为安全；$0.7<M_i\leqslant 1$ 为警戒线；$1<M_i\leqslant 2$ 为轻污染；$2<M_i\leqslant 3$ 为中污染；$M_i>3$ 为重污染。

优点：模糊评价法考虑了土壤重金属污染系统的模糊性和复杂性。

缺点：在复合运算过程中过多强调了极值的作用，丢失信息较多，使得评价结果受控于个别因素，对结果影响较大。同时，该方法要就每个监测值分别对质量标准建立多个隶属函数，过程繁琐，不易掌握。

5.2.4　层次分析法

层次分析法是将与评价（决策）有关的元素分解成目标、准则、指标等层次，在此基础之上进行定性和定量分析的评价（决策）方法。该方法是应用网络系统理论和多目标综合评价方法，提出的一种层次权重分析方法。这种方法的特点是在对复杂问题的本质、影响因素及其内在关系等进行深入分析的基础上，利用较少的定量信息使决策的思维过程数学化，从而为多目标、多准则或无结构特性的复杂决策问题提供简便的评价（决策）方法。尤其适合于对评价（决策）结果难于直接准确计量的场合。土壤环境是一个多成分的复杂系统，主要由组成、结构、功能特性以及所处的综合体现与定性、定量组成，每个系统内部又存在多种对子系统的影响因子。

评价步骤：

（1）建立层次结构模型，将土壤环境质量作为层次分析的目标层（A），把评价因子（如 Cd、Hg、Pb、Cr、Cu、Zn 等）作为层次分析的准则层（B），把土壤环境质量级别作为层次分析的方案层（C），由这三个层次建立了土壤环境质量层次结构模型。

（2）构造判断矩阵，求出最大特征根及其特征向量。在土壤环境质量这一目标（A）下，构造各准则层（B）的相对重要性的两两比较判断矩阵（A-B），选用土壤重金属元素的背景值和临界含量来确定评价标准。由此计算出的各样本的特征向量及最大特征根。

（3）判断矩阵的一致性检验。在（B）准则下，构造各评价级别的相对重要性的两两比较判断矩阵（B-C），构造方法是用评价因子的浓度与其对应的各个土壤质量级别的标准值的差值的倒数作为标度。据此计算得到判断矩阵的特征向量及最大特征根；再按 $C.I.=(\lambda_{max}-n)/(n-1)$ 计算出一致性指标 $C.I.$；然后确定平均一致性指标 $R.I.$；最后按 $C.R.=C.I./R.I.$，计算随机一致性比值 $C.R.$。对于 1、2 阶判断矩阵，规定 $C.R.=0$；当 $C.R.\leqslant 0.1$ 时，判断矩阵有满意的一致性；当 $C.R.\geqslant 0.1$ 时，判断矩阵的一致性偏差太大，需要对判断矩阵进行调整，直至使满足 $C.R.\leqslant 0.1$ 为止。

（4）层次单排列。层次单排列是把本层所有因素针对上层某因素通过判断矩阵计算排出优劣顺序。可采用求和法或方根法进行简便计算。

（5）层次总排序。计算同一层所有因素对于高层（目标层）相对重要性权重值并排序。

5.2.5 灰色聚类法

基于环境质量系统的灰色性，考虑多项因子的综合影响，将聚类对象对于不同聚类指标所拥有的白化数，按几个灰类进行归纳，从而判断该聚类对象属于哪一级。它须经过将实测值和评价标准进行无量纲化处理；通过建立白化函数来反映聚类指标（实测值）对灰类（评价标准）的亲疏关系求取聚类权；计算聚类系数等步骤，根据聚类系数的大小来判断土壤污染级别。污染级别取聚类系数中最大者。有两种改进的方法：等斜率灰色聚类法和宽域灰色聚类法，其原理与灰色聚类法大致相同。等斜率灰色聚类法是以等斜率方式构造白化函数，并以修正系数代替灰色法中的聚类权而对白化函数进行修正。宽域灰色聚类法是以宽域式结构确定白化函数。

5.2.6 不同评估计算方法的优缺点

不同的评估计算方法各有优缺点，见表5-6，互相不能完全替代，根据具体评估工作要求选择方法组合。由于不同污染物的毒性作用是不同的，污染应对和处置的方法也可能不同，多因素综合评价方法本身把不同污染物混在一起来评价就不甚科学；再加上土壤本身是一个复杂的环境介质，不是一个简单的数学方法可以描述，需要多维度、多因素的考量，才能做到客观评价。

表5-6　不同计算方法的优缺点

评价方法	优点	缺点
单因子指数法	识别单个污染物的污染状况，计算简单	不能反映综合环境质量
综合污染指数法	理想的综合指数应该能够准确地反映特定区域的整体环境质量，而且具有较好的通用性，易懂、易学、易算和易操作	一方面，评价结果往往只是一个均值或简单的累加，灵敏性较低，可能掩盖某些污染因子质变特征，从而使评价结果不符合生态学原理，评价失效；另一方面，计算综合指数的方法不同，所得评分结果也不一定相同。各点所属污染级别既与综合指数取值范围有关，又与综合指数的计算方法有关，受人为因素影响颇大
模糊综合评价法	考虑土壤环境的模糊性和综合性	计算方法较复杂，每个监测值分别对其相邻两个级别质量标准建立多个隶属函数，过程烦琐，不易掌握。复合运算的基本方法是取大小值，只强调极值的作用，丢失信息的现象较严重，其评价结果往往受控于个别因素而出现误判。权重值的科学性不够明确
层次分析法	简单、有效、实用的特点，应用广泛	在理论方面，一般层次分析法最后是按层次权值的最大值，即“最大原则”来进行分类，忽略比它小的上一级别的层次权值，完全不考虑层次权值之间的关联性，因而导致分辨率降低，评价结果不尽合理。一致性检验、是否考虑模糊性等还没有得到满意解决。应用方面，能用于从已知方案中优选，但不能生成方法。得到的结果过多地依据决策者的偏好和主观判断

续表

评价方法	优点	缺点
灰色聚类法	考虑土壤环境的模糊性和综合性，避免了主观随意性；在确定各污染指标的权重时，只与土壤质量分级标准有关，而与污染物实测值无关，克服了用超标倍数确定权重的局限性	首先，计算方法较复杂，过程繁琐，不易掌握。其次，白化函数包含的污染范围较窄，一般在 $j-1$ 级到 $j+1$ 级标准值之间。当污染物监测值超出这一范围时，相应的白化函数值就会为零。这样，仍有丢失信息的可能

5.3　农用地土壤环境质量评估方法的构建

5.3.1　农用地土壤环境质量评估程序

土壤环境质量评价的内容包括：首先明确评价对象和范围，然后收集评价所需的基础资料和数据，确定要进行评价的污染物项目，在数据满足评价目的和统计要求的前提下，选择合适的评价标准和方法进行评价，得到客观准确的评价结论。

土壤污染物超标评价和土壤污染物累积性评价可同时开展，也可先后开展（如先进行超标评价，有超标发生，再进行累积性评价），或只开展某类评价，视评价的工作目的而定。

土壤环境质量评价的一般工作程序如图 5-2 所示。可根据具体评价目的和工作要求，选择评价内容。

土壤污染物有效性评价和土壤污染物危害效应评价是生态风险评估的内容，有时限于数据的获得性而难以开展，所以在框图中用虚框表达。如果现实已有这方面的证据，可为准确得出评价结论提供参考。

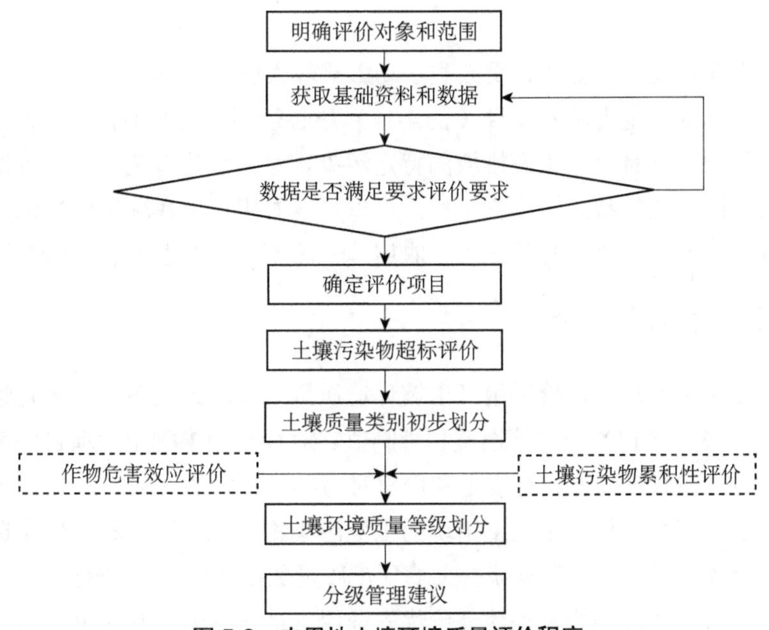

图 5-2　农用地土壤环境质量评价程序

5.3.2 对信息数据的要求

评价所用的数据关系到评价结果的正确性和客观性。土壤环境质量评价所需要的资料数据包括两方面的信息：关于评价对象基本概况的资料和相关的技术文件；评价对象的采样监测数据。

（1）收集评价对象基本概况资料和相关的技术文件

包括评价对象主要社会、经济、生态概况，土壤类型，目前的和计划的土地利用方式，农业生产情况，可能影响评价对象的污染源信息及主要环境问题，要保护的环境目标，评价范围内土壤环境背景情况或历史土壤环境调查的评价结论，土壤类型图、土地利用现状图和规划图等相关的图件。大尺度的调查评价还需要相关的卫星相片或航空照片等图件，国家和地方有关的法律、法规及标准等。这类资料是土壤环境质量评价的辅助性资料和工具类资料。

（2）评价对象采样监测数据

监测数据是土壤环境质量评价的核心数据。监测数据可以来自专项调查，也可来自法定监测单位的例行监测。首选法律认可的数据，其次是有资质的单位调查监测获得的数据，再次是科学研究的数据和历史数据。评价工作承担单位务必审核数据的完整性和代表性，是否按照法定的布点、采样标准和分析方法获得；数据的处理要按照国家有关标准执行。

5.3.3 评价项目的选择

不同目的的土壤环境质量评价选择参评的项目不同。选择评价项目一般应考虑以下因素：

①选择有评价标准的项目、农产品质量标准中有规定且和土壤有关的指标；

②选择农作物容易富集、对农产品毒性大的与区域污染源相关的特征污染物（污染发生的可能性大）；

③区域内存在可疑污染源的、受人类活动影响较大的污染物。

一般来讲，标准规定为基本项目（表 4-14）是必须要评价的项目；如果怀疑周边存在特定污染物排放源，并且该污染源排放的特定污染物对农作物有危害，则可根据实际情况选择评价与污染源有关的特定污染物指标，可以是《农用地土壤环境质量标准》中的其他项目（表 4-16），也可能是之外的项目。农用地一般不考虑挥发性有机污染物的影响。

5.3.4 评价标准的选择

农用地土壤污染物超标评价选用《土壤环境质量　农用地土壤污染风险管控标准（试行）》（GB 15618—2018）中的筛选值和管制值。对标准中未规定的项目，可参考国外的标准，地方政府可按管理需要自行规定和提出对污染物种类的要求。

土壤污染物累积性评价：小尺度田块的土壤污染物累积性评价标准优先选用田块土壤环境本底值，或者采用上一次调查获得土壤环境质量数据（均值+2 倍标准差）作为评价标准；大尺度的区域土壤污染物累积性评价优先选用本地背景值，其次可采用包括评价对象在内的较大范围的区域土壤环境背景值。

区域土壤环境调查、农用地土壤环境例行监测，是同区域在不同时段土壤环境质量的比较或同一时段不同区域土壤环境质量的比较，既要做土壤污染物超标评价，也需要做土壤污染物累积性评价。

自然保护区、集中式生活饮用水水源地一般认为较少受人为活动影响，应保持在自然状态，所以土壤环境质量评价以区域土壤环境背景值为评价标准，以累积性评价为主。

未利用地如果有规划为农用地，可按规划用途选择适宜的评价标准进行土壤环境质量评价；未有规划用途的，仅作土壤污染物累积性评价。

5.3.5　评价方法

5.2 节分析比较了各种评估方法的优缺点，由于土壤中各种污染物的来源、毒害效应和治理修复方法都各有不同，如果忽略不计协同作用和拮抗作用，彼此之间是不可替代的，需分别针对不同污染物评价土壤环境质量状况的不同方面。因此，单项土壤污染物超标或累积情况推荐单因子指数法；存在多种污染物情况下，采用最大单因子指数法。这样表征便于识别环境问题，有针对性地采取相应管理措施。

（1）点位土壤污染物超标评价

土壤中单个污染物的超标评价，采用污染物 i 的含量值 C_i 与该污染物的筛选值 S_i 和管制值 G_i 比较。根据 C_i 值与筛选值 S_i、管制值 G_i 的比较结果，将农用地土壤单项污染物超标程度分为 3 级（表 5-7）。

（2）点位土壤污染物累积性评价

单项污染物采用单因子累积指数法，计算公式为：

$$A_i = \frac{C_i}{B_i} \qquad (13)$$

式中，A_i 为土壤中污染物 i 的单因子累积指数；C_i 为土壤中污染物 i 的含量；B_i 为土壤污染物 i 的背景值。多项污染物综合累积指数 A 按单因子累积指数中最大的计。即：

$$A=\max(A_i)$$

（3）单元或区域土壤污染物累积性评估

自然状态下，由于土壤的成分相对于水和大气来说是较难移动和混匀的，所以不同时间点对同一点位采样监测的结果间误差较大，点位调查结果的对比可能很难看出土壤污染累积情况。但一个区域或一个调查单元内土壤如果未受到大的人为活动影响和侵扰，两次调查样本整体之间应该不会产生显著性差异。两个样本整体之间的差异应该用方差分析来评估。

方差分析的原理：一个复杂的变量观测值如土壤某污染物含量，受很多因素的影响，即使从同一地点采集的平行样品，用同样的前处理和分析方法，仍然会得出不同的测量值，排除错误发生的情形，这属于正常的误差范围。

如果两组样本来自不同的时间或地点，我们不确定样本间的差异是否超过正常误差范围、存在显著的差异，需要采用数学的方差来分析变异的来源。方差的大小表示变异，给定置信区间和自由度，有固定的判断阈值（F_α），用组间均方差与组内均方差相比，如果这个比值 F 大于 F_α，则表示样本间（组间）存在显著差异，否则差异不显著，数据变异仍属于正常误差范围。

采用方差分析法表征调查区整体的污染物累积情况，或是对照背景或是对照前次调查结果的累积性评价。用该次调查获得的数据样本与背景调查（或前次调查）的样本进行对比，检验两个样本均值是否一致或均值间的差异是否具有统计学意义（即显著差异）。单一污染物指标分别进行对比。

5.3.6 评价结果的表征

（1）农用地土壤污染物超标评价

根据 C_i 值与筛选值 S_i、管制值 G_i 比较的结果，将农用地土壤污染物超标情况分为 3 级，见表 5-7。每个评价项目统计不同超标程度的点位比例，如果点位能代表确切的面积，则统计面积比例。

表 5-7 统计单元内土壤单项污染物超标评价结果

单项等级	C_i 值	点位类别	点位数	点位或面积比例/%
Ⅰ	$C_i \leqslant S_i$	超筛选值		
Ⅱ	$S_i < C_i \leqslant G_i$	超筛选值但未超管制值		
Ⅲ	$C_i > G_i$	超管制值		

（2）累积性评价表征

①土壤点位的累积性评价表征

根据 A_i 值将土壤点位的污染物累积程度分为无明显累积和有明显累积。

如果评价依据 B_i 采用区域背景值，因为区域背景值一般采用的是背景含量的 75%～95%分位值，是偏上限的含量，所以，以累积指数 1 为临界值；如果评价依据为本底值，由于本底调查的数据量较少，考虑到采样的偶然性和分析测试的误差范围，超过本底值 50%的含量数据很可能是采样测试的正常误差，所以，此时则以累计指数 1.5 为临界值。

每个评价项目统计无明显累积和有明显累积的点位比例，如果点位能代表确切的面积，则统计面积比例。统计单元内土壤单项污染物累积评价结果见表 5-8。

表 5-8 统计单元内土壤单项污染物累积评价结果

单项等级	A_i 值		累积程度	点位（或面积）比例/%
	评价依据 B_i 为本底值	评价依据 B_i 为背景值		
Ⅰ	$A_i \leqslant 1.5$	$A_i \leqslant 1.0$	无明显累积	
Ⅱ	$A_i > 1.5$	$A_i > 1.0$	有明显累积	

对某一点位，若有多种污染物累积，按累积程度最重的表征点位的累积等级，即根据

A 值的大小，将土壤点位多项污染物累积程度分无明显累积和有明显累积，并按表 5-9 统计不同累积程度的点位数和比例，如果点位能代表确切的面积，则统计面积比例。

表 5-9　统计单元内土壤多项污染物累积评价结果

单项等级	A 值		累积程度	点位（或面积）比例/%
	评价依据 B_i 为本底值	评价依据 B_i 为背景值		
Ⅰ	A≤1.5	A≤1.0	无明显累积	
Ⅱ	A >1.5	A >1.0	有明显累积	

②区域土壤累积性评价表征

调查区整体的累积性评价以是否显著高于背景水平来描述累积情况。根据区域土壤累积性评价结果，如果方差分析显示调查样本显著高于同区域背景调查样本，则表明该污染物在土壤中有显著累积；否则，累积效应无统计学意义，视为无显著累积。

5.4　基于超标评价和累积性评价的农用地土壤环境质量等级划分

5.4.1　点位土壤环境质量等级划分

根据点位超标评价和累积性评价的结果，按表 5-10 将土壤环境质量划分为Ⅰ类、Ⅱ类、Ⅲ类和Ⅳ类 4 个类别。

表 5-10　调查点位土壤环境质量等级划分

超标评价	无明显累积	有明显累积
未超标（筛选值）	Ⅰ类	Ⅱ类
超标（筛选值）	Ⅲ类	Ⅳ类

“Ⅰ类”土壤既无污染物累积又无超标发生，一般来讲应该是较好的土壤，土地利用上没有限制。但并不绝对排除极端的情况的存在，如有证据表明某种农作物产量明显下降或农产品中污染物含量超过相关标准，类别应调整为“Ⅳ”类。需要进行进一步的土壤环境详查和风险评估。

“Ⅱ类”土壤是有污染物累积但并未超过标准，对于农用地，由于我们所采用的 GB 15618 是偏保守的标准值，不超标说明在一般情况下农产品的生产和品质是安全利用，但也不排除极端情况。如果有数据证明农作物明显受到污染物危害，如某种农作物产量明显下降或农产品中污染物含量超过相关标准，则上述方法划分的相应点位的农用地土壤环境质量类别应调整为“Ⅳ”类。若无作物受危害证据，因为污染物有明显累积，有外源污染物进入，基于土壤环境保护的反退化机制，应引起各级政府部门的关注，防止累积现象加重，以保护我国的土壤环境资源。

“Ⅲ类”土壤是无明显累积但有超标发生的土壤，一般属于高背景地区，不是外来污染源造成的超标现象，自然背景保持良好。但如果有农作物明显受到污染物危害的效应证据，类别应调整为“Ⅳ”类。

“Ⅳ”类土壤是有明显累积性和超标的土壤，应引起各级政府部门的极大关注。及时启动调查与风险评价，确定是否需要修复，如需修复则需确定修复目标和修复方法等。

对土壤环境质量等级为Ⅲ类和Ⅳ类区域，应确定关注污染物，启动详细的土壤环境调查，依据相关法律和标准，对这两种类别的土壤根据土地规划用途，开展有针对性的各类土壤风险评估。风险评估的方法另行规定。对Ⅱ类区域，也应提出应对措施，减少污染和危害。

5.4.2 评价范围内土壤环境质量整体状况

评价范围内可整体统计，也可再细分更小的统计单元统计不同土壤环境质量等级的点位（或其代表的面积）的比例，内容见表 5-11。

如全国的土壤环境调查可整体给出统计数据，也可分省给出统计数据；同理，一个省级单位的调查评价可整体统计，也可细分为地级市或县进行统计。

统计单元内，若“I 类”土壤的比例较高，说明单元内土壤环境质量总体状况较好；反之，若“Ⅳ类”土壤的比例较高，则土壤环境质量总体状况较差。

表 5-11 农用地土壤环境质量总体状况

序号	统计单元	统计项目	土壤环境质量类别				
			Ⅰ类	Ⅱ类	Ⅲ类	Ⅳ类	合计
1	统计单元 1	点位数/个					
		点位或面积比例/%					
2	统计单元 2	点位数/个					
		点位或面积比例/%					
……		点位数/个					
		点位或面积比例/%					
n	统计单元 *n*	点位数/个					
		点位或面积比例/%					
合计		点位数/个					
		点位或面积比例/%					

5.4.3 其他用地土壤环境质量评价结果

自然保护区、集中式饮用水水源地、未利用地仅做累计评价。

评价范围内可整体统计无明显累积和有明显累积的点位（或其代表的面积）比例；如

果有必要，也可再细分更小的统计单元进行统计。

如果统计单元内，无明显累积的面积比例较高，则表明单元内土壤环境质量保护较好，基本维持在背景水平；反之，则表明评价范围受到人为活动干扰，有污染物明显累积。

5.4.4　污染物超标和累积原因分析

如果不存在污染物超标和累积，表明之前的土地利用中土壤环境质量得到保护，区域土壤环境质量能满足土地利用功能的要求。

如果存在累积但不超标，表明土壤环境质量仍适宜利用，但之前的土地利用中有外源污染物进入，结合周边污染源调查，分析污染物在土壤中累积的原因、可能的污染源，并提出控制累积趋势的措施。

如果有超标但不存在累积，可能是因为土壤自然背景水平较高。

如果存在污染物超标和累积现象，分析超标污染物和累积污染物在点位上的一致性；如果相同点位同时存在同一种污染物超标和累积现象，需给出超标点位比例、超标点位的连续性、超标幅度、超标污染物的种类和个数，结合周边污染源分布情况分析污染物可能的来源。

5.4.5　评价结论的不确定性分析

土壤环境质量评估结论不确定的原因主要有：

（1）由于土壤质地、有机质含量、阳离子交换量等特性会影响到土壤中污染物的活性，所以在同一土壤污染物全量水平下，土壤污染物表现出的毒性效应可能不同，而依据全量水平得出的结论有可能产生偏差。

（2）污染物在土壤中存在的不同层次（表层和下层）、不同的价态也会影响其对人或其他生物受体的暴露和毒性。

（3）不同的植物类型或者同类型植物不同品种对某些污染物的吸收和富集性能表现也有很大差异，土地利用方式的不同也会影响到场地土壤对人体暴露的情景和方式，进而影响到对人体的毒性效应的大小。

（4）其他污染物来源的存在，有时和土壤污染物的效应交织在一起，从而影响到对土壤污染的判断。如公众健康会受到大气、饮水和农产品以外的其他食物的影响；农作物还会受到灌溉水、空气质量、农业投入品等的影响。

（5）分析测定方法也会带来不确定性，如样品不同的前处理方法使得环境样品中污染物浸提的效率不同，不同仪器测定的检出限亦有很大差异等，这些都会影响环境样品中污染物含量值的确定。

5.5　基于多维评价的土壤环境质量类别划分

2016 年国务院发布的“土十条”中第一条就提出“在现有相关调查基础上……开展土

壤污染状况详查，2018 年底前查明农用地土壤污染的面积和分布及其对农产品质量的影响”，第三条为“实施农用地分类管理，保障农业生产环境安全”。为了实现这一目标，全国土壤污染状况详查在方案设计阶段就考虑到了多元数据的获取和应用，包括耕层土壤污染物总量、可提取态含量，以及农产品重金属含量，及部分下层土壤污染物含量。成果集成阶段采用三重标准评价，即对照《土壤环境质量 农用地土壤污染风险管控标准（试行）》（GB 15618—2018）的土壤环境质量初步评价，对照《食品安全国家标准 食品中污染物限量》（GB 2762—2017）的农产品安全性评价，对照表层土壤中镉可提取态含量阈值的表层土壤重金属（镉）活性评价。在此基础上，结合耕层土壤重金属累积性分析，综合评价农用地土壤环境风险，判定土壤环境质量类别。具体方法介绍如下。

5.5.1 评价程序和评价内容

农用地土壤环境风险评价程序见图 5-3。主要包括以下内容：

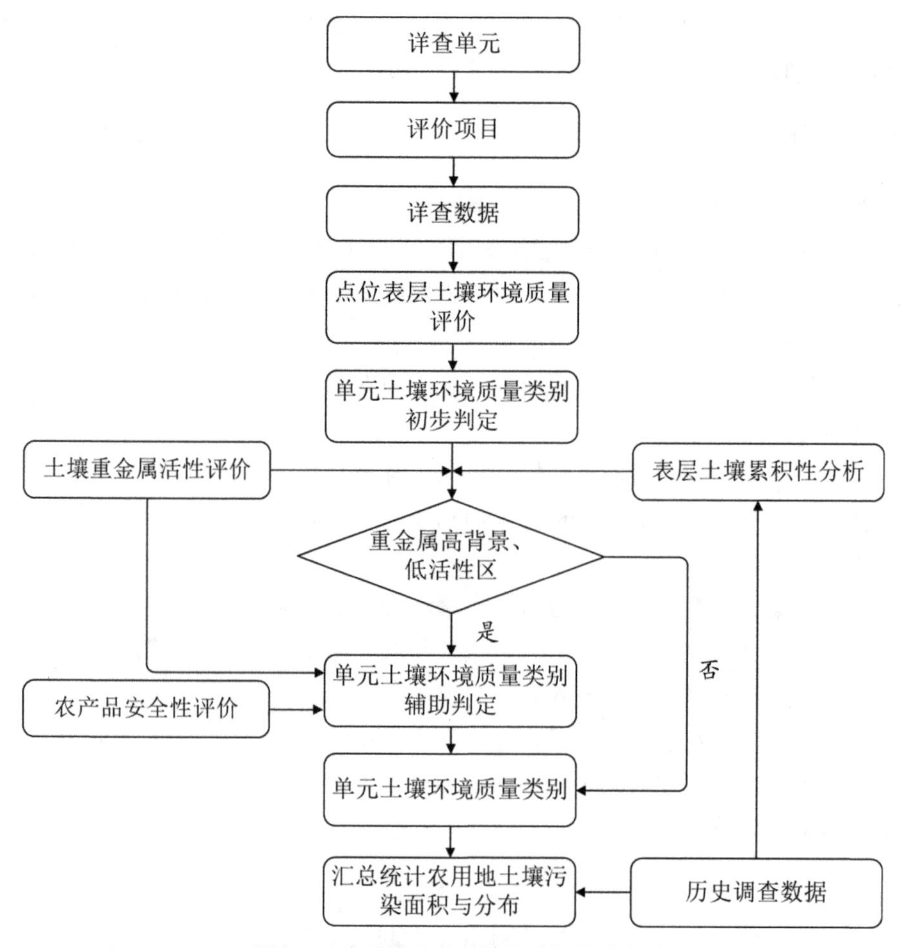

图 5-3 农用地土壤环境风险评价流程

（1）土壤环境质量初步评价

以表层土壤污染物含量对照《土壤环境质量 农用地土壤污染风险管控标准（试行）》

（GB 15618—2018），初步判定土壤环境质量类别。

（2）农产品安全性评价

以食用农产品中污染物含量对照《食品安全国家标准 食品中污染物限量》（GB 2762—2017），判定食用农产品中污染物含量的超标程度。本次详查主要针对水稻和小麦，其他食用农产品由各省（区、市）自行确定。

（3）表层土壤重金属活性评价

以表层土壤重金属可提取态含量，对照可提取态含量阈值，判定表层土壤重金属的活性。本次详查只评价土壤镉（Cd）活性。

（4）耕层土壤重金属累积性分析

以同一点位表层土壤与深层土壤中重金属含量的比值，或者以表层土壤重金属含量与同一区域（3 km 之内）最近点位深层土壤重金属含量的比值，判定表层土壤重金属累积程度。

（5）农用地土壤环境风险评价

在土壤环境质量初步评价的基础上，结合农产品安全性评价、土壤重金属活性评价等结果，评价农用地土壤环境风险，判定土壤环境质量类别。

5.5.2　参评项目与评价标准

（1）表层土壤中的镉（Cd）、汞（Hg）、砷（As）、铅（Pb）、铬（Cr）、铜（Cu）、镍（Ni）、锌（Zn）、苯并[*a*]芘、六六六、滴滴涕含量作为农用地土壤环境质量类别划分的依据。

评价标准采用了《土壤环境质量 农用地土壤污染风险管控标准（试行）》（GB 15618—2018）中规定的土壤污染物两级含量限值——筛选值和管控值。

（2）农产品中镉（Cd）、汞（Hg）、砷（As）、铅（Pb）、铬（Cr）5 项指标含量作为农产品安全性评价的依据。

农用地土壤污染状况详查主要针对水稻和小麦开展土壤与农产品协同调查，核心目的是要说明土壤污染对农产品的影响。评价标准主要采用国家统一规定的《食品安全国家标准 食品中污染物限量》（GB 2762—2017）。基于说明土壤污染对农产品影响这一目的要求，水稻砷的检测采取了总砷的检测方法，评价标准参考《食品安全国家标准 食品中污染物限量》中谷物的总砷评价标准。

（3）表层土壤中镉（Cd）元素活性评价

全国土壤污染状况详查除了检测土壤中重金属总量含量外，在专家论证的基础上，基于 0.01 M$CaCl_2$ 溶液提取方法检测了部分表层土壤中重金属可提取态，并根据详查获取的农产品及对应表层土壤可提取态数据统计分析结果，初步确定土壤 pH≤6.5 的土壤镉可提取量阈值为 0.04 mg/kg、土壤 pH＞6.5 的土壤镉可提取量阈值为 0.01 mg/kg。对于其他土壤污染物，由于农产品超标率很低，未得出基于农产品超标的土壤污染物活性阈值。

（4）表层土壤重金属累积性分析

表层土壤与深层土壤中的镉（Cd）、汞（Hg）、砷（As）、铅（Pb）、铬（Cr）、铜（Cu）、镍（Ni）、锌（Zn）等元素的含量比值作为表层土壤重金属累积性分析的依据。

表层土壤重金属累积性分析结果是土壤重金属高背景区判定的参考依据，也是重金属超标原因分析的重要依据。

（5）其他增测项目分析评价

有些地区根据当地需要，选择测定了一些 GB 36600—2018 中不包括的项目，详查评价技术规定中也给出了评价的参考值（见表 5-12），进行是否超过该值的分析。

表 5-12 农用地土壤其他增测项目评价参考值

序号	污染物项目	评价参考值/（mg/kg）
1	总锰	1 200
2	总钴	24
3	总硒	3.0
4	总钒	150
5	总锑	10
6	总铊	1.0
7	总钼	6.0
8	氟化物（水溶性氟）	5.0
9	石油烃总量（C_{10}～C_{40}）	500

5.5.3 评价方法

5.5.3.1 农用地详查点位表层土壤环境质量评价

（1）单因子评价

依据《土壤环境质量 农用地土壤污染风险管控标准（试行）》（GB 15618—2018）中的筛选值 Si（附表 1-1）和管制值 Gi（附表 1-4），基于表层土壤中镉（Cd）、汞（Hg）、砷（As）、铅（Pb）、铬（Cr）的含量 Ci，评价农用地土壤污染的风险，并将其土壤环境质量类别分为三类；基于表层土壤中铜（Cu）、镍（Ni）、锌（Zn）、苯并[*a*]芘、六六六、滴滴涕的筛选值 Si，评价农用地土壤污染的风险，将其土壤环境质量类别分为两类。

表 5-13 单因子 1 土壤污染风险评价及环境质量分类

污染物	污染物含量	风险	质量分类
镉、汞、砷、铅、铬	Ci≤Si	无风险或风险可忽略	优先保护类Ⅰ
	Si＜Ci≤Gi	污染风险可控	安全利用类Ⅱ
	Ci＞Gi	污染风险较大	严格管控类Ⅲ
铜、锌、镍、苯并[*a*]芘、六六六、滴滴涕	Ci≤Si	无风险或风险可忽略	优先保护类Ⅰ
	Ci＞Si	有污染风险	安全利用类Ⅱ

其他增测项目由各地依据评价参考值（表 5-14），进行是否超过该值的分析，并可对相关行业企业污染周边农用地的情况进行综合分析。

（2）多因子综合评价

可以根据需要把多个评价因子综合一起表达土壤环境质量。详查中分别把表层镉

（Cd）、汞（Hg）、铅（Pb）、砷（As）、铬（Cr）5 因子综合评价，铜（Cu）、锌（Zn）、镍（Ni）3 因子综合评价，苯并[*a*]芘、六六六、滴滴涕 3 因子综合评价。按最差的因子确定该点位综合评价结果。

5.5.3.2　农产品安全性评价

采用单因子指数法进行评价，计算公式为：

$$E_{ij}=\frac{C_{ij}}{L_{ij}}$$

式中，E_{ij}——农产品 i（水稻或小麦）中重金属 j 的单因子超标指数；C_{ij}——农产品 i（水稻或小麦）中重金属 j 的含量测定值（单位与 L_{ij} 保持一致）；L_{ij}——农产品 i（水稻或小麦）中重金属 j 的食品安全国家标准限量值（表 5-14）。

根据 E_{ij} 值的大小，将农产品 i（水稻或小麦）超标程度分为 3 级，见表 5-15。

表 5-14　主要食用农产品中 5 种重金属国家标准限量值

污染物项目	农产品种类	标准限量值/（mg/kg）
镉	水稻	0.2
	小麦	0.1
汞	水稻、小麦	0.02
砷	小麦	0.5
	水稻	0.5*
铅	水稻、小麦	0.2
铬	水稻、小麦	1.0

*水稻砷标准限量值参考《食品安全国家标准 食品中污染物限量》（GB 2762—2017）中谷物砷标准限量值。

表 5-15　农产品超标程度分级

超标等级	E_{ij} 值
Ⅰ（未超标）	$E_{ij}\leqslant 1.0$
Ⅱ（轻度超标）	$1.0<E_{ij}\leqslant 2.0$
Ⅲ（重度超标）	$E_{ij}>2.0$

5.5.3.3　表层土壤重金属活性评价

仅对表层土壤中镉（Cd）的活性进行评价。土壤镉（Cd）的活性评判阈值：土壤 pH≤6.5 时，0.01 M 氯化钙溶液可提取态的土壤镉（Cd）含量阈值为 0.04 mg/kg；土壤 pH＞6.5 时，0.01 M 氯化钙溶液可提取态的土壤镉（Cd）含量阈值为 0.01 mg/kg。小于等于阈值，表示土壤镉（Cd）活性低；大于阈值，表示土壤镉（Cd）活性高。

土壤镉（Cd）活性评价结果主要作为土壤镉（Cd）背景较高地区农用地土壤环境质量类别辅助判定的依据。

5.5.3.4　表层土壤重金属累积性分析

鉴于时间和成本的限制，详查并未在所有调查点位采集深层土壤样品，所以，有深层土壤样品的点位，以同一点位表层土壤与深层土壤中重金属含量的比值判定表层土壤重金属累积程度；无深层采样的点位，则采用区域多目标地球化学调查获得的深层样品数据，按照就近原则选择与表层土壤数据匹配的深层土壤数据（3km 内最近的深层数据），计算累积系数。

采用累积系数法表征表层土壤重金属累积性，计算公式为：

$$A_i = \frac{C_i}{B_i}$$

式中，A_i—土壤中重金属 i 的单因子累积系数；C_i—表层土壤中重金属 i 的测定值；B_i—深层土壤（一般为 100 cm 以下）中重金属 i 的测定值，单位与 C_i 保持一致。

本次详查同一点位同时采集了表层与深层土壤样品的区域，采用同点位表层与深层的数据计算累积系数；本次详查未采集深层样品的区域，根据 A_i 值的大小，进行土壤调查点位单项重金属累积性分析，见表 5-16。

表 5-16　土壤单项重金属累积程度分级

累积程度分级	A_i 值
无明显累积	$A_i \leqslant 1.5$
轻度累积	$1.5 < A_i \leqslant 3$
中度累积	$3 < A_i \leqslant 6$
重度累积	$A_i > 6$

表层土壤重金属累积性分析结果是土壤重金属高背景区判定的参考依据。在土壤重金属超标时，结合区域地质背景及污染源分布情况，区域内 $A_i \leqslant 3$ 且周边无相关污染源的情况下，方可作为地质高背景区的判定条件之一。表层土壤重金属累积性分析结果也是重金属超标原因分析的重要依据。

5.5.3.5　单元农用地土壤环境质量类别的判定

详查布点时首先划分了详查单元。详查单元是基于农用地利用方式、污染类型和特征、地形地貌等因素的相对均一性划分的，是详查结果“由点及面”的重要基础。

（1）划分单因子评价单元并初步判定土壤环境质量类别

基于详查单元内点位土壤环境质量评价结果，结合详查单元内地块分布的地理信息，在同一详查单元内划分评价单元，尽量使同一评价单元的点位土壤环境质量类别保持一致，在此基础上初步判定评价单元土壤环境质量类别。

如果详查单元内点位土壤环境质量类别一致，详查单元即为评价单元；否则应根据详查单元内点位土壤环境质量评价结果，依据聚类原则，利用空间插值法结合人工经验判断，将详查单元划分不同的评价单元。尽量使每个评价单元内的点位土壤环境质量类别保持一致。

按照以下四个原则初步判定评价单元内农用地土壤环境质量类别：

①一致性原则

当评价单元内点位类别一致时，该点位类别即是该评价单元的类别。

②主导性原则

当评价单元内存在不同类别点位时，某类别点位数量占比超过 80%，其他点位（非严格管控类点位）不连续分布，该单元则按照优势点位的类别计；如存在 2 个或以上非优势类别点位连续分布，则划分出连续的非优势点位对应的评价单元。

③谨慎性原则

对孤立的严格管控类点位，根据影像信息或实地踏勘情况划分出严格管控类对应的范围；如果无法判断边界，则按最靠近的地物边界（地块边界、村界、道路、沟渠、河流等），划出合理较小的面积范围。

④保守性原则

当评价单元内存在不连续分布的优先保护类和安全利用类点位、且无优势点位时，可将该评价单元划为安全利用类。

（2）按多因子综合评价结果初步判定评价单元内农用地土壤环境质量类别

在单因子评价单元划分及农用地土壤环境质量类别初步判定的基础上，多因子叠合形成新的评价单元，评价单元内部农用地土壤环境质量综合类别按最差类别确定。

根据管理需要可分别形成 5 项重金属（镉、汞、铅、砷、铬）、3 项重金属（铜、锌、镍）、3 项有机污染物（苯并[*a*]芘、六六六、滴滴涕）的农用地土壤环境质量初步判定结果。

5.5.3.6　农用地土壤环境质量类别的辅助判定

在评价单元土壤环境质量类别初步判定的基础上，主要针对土壤重金属高背景、低活性区域，结合农产品安全性评价、表层土壤重金属活性评价等结果，评价农用地土壤环境风险，辅助判定土壤环境质量类别。初步判定及辅助判定的结果均需保留。

（1）辅助判定的原则

①对重金属高背景、低活性（仅限于镉，其他重金属不考虑活性）地区，在区域内无相关污染源存在或者无污染历史的情况下，可根据农产品（水稻或小麦）安全性评价结果或表层土壤镉活性评价结果，按照谨慎原则，对初步判定为安全利用类或严格管控类的评价单元进行辅助判定。

②对土壤镉环境质量评价，有农产品数据的采用农产品安全性评价结果辅助判定，没有农产品数据的采用土壤镉活性评价结果辅助判定；其他重金属仅用农产品评价结果辅助判定，若没有农产品数据，则维持初步判定结果不变。

③初步判定及辅助判定的结果均需保留。

（2）单因子辅助判定的方法

①利用农产品安全性评价结果进行辅助判定

根据评价单元农产品安全性评价结果辅助判定评价单元内农用地土壤环境质量类别，判定依据见表 5-17。

表 5-17 利用农产品安全评价结果辅助判定评价单元单因子土壤环境质量类别

评价单元土壤环境质量类别初步判定	判定依据（评价单元内或相邻单元农产品重金属超标情况）		辅助判定后单因子土壤环境质量类别
	评价单元内农产品点位 3 个及以上	单元内农产品点位小于 3 个	
优先保护类	—	—	优先保护类（Ⅰ1）
安全利用类	均未超标	均未超标；且周边相邻单元农产品点位未超标	优先保护类（Ⅰ2）
	上述条件都不满足的其他情形		安全利用类（Ⅱ1）
严格管控类	未超标点位数量占比≥65%，且无重度超标的点位	均未超标，且周边相邻单元农产品点位未超标	安全利用类（Ⅱ2）
	上述条件都不满足的其他情形		严格管控类（Ⅲ）

②利用土壤镉（Cd）活性评价结果进行辅助判定

如果严格管控类评价单元内没有农产品协同调查点位，则按照单元内农用地土壤镉（Cd）活性评价结果，辅助判定土壤镉（Cd）环境质量类别。辅助判定依据见表 5-18。其他重金属单因子土壤环境质量类别不变。

表 5-18 利用土壤镉活性辅助判定评价单元土壤镉环境质量类别

评价单元土壤环境质量类别初步判定	土壤 pH	单元或区域辅助判定依据	污染风险	辅助判定后土壤镉环境质量类别
严格管控类	pH≤6.5	单元内或区域内所有点位土壤可提取态镉均≤0.04mg/kg	风险可控	安全利用类Ⅱ2
		其他情形	风险较高	严格管控类Ⅲ
	pH＞6.5	单元内或区域内所有点位土壤可提取态镉均≤0.01mg/kg	风险可控	安全利用类Ⅱ2
		其他情形	风险较高	严格管控类Ⅲ

（3）单因子辅助判定后的单元综合类别

单因子辅助判定后的单元农用地土壤环境质量类别仍需进行 5 因子（镉、汞、铅、砷、铬）综合，单元类别按类别最差的因子计。

5.5.3.7 汇总统计农用地土壤环境质量类别面积

在土壤环境风险评价的基础上，分别按单项指标、多项综合后的类别统计详查范围内不同土壤环境质量类别面积及其比例。

详查未布点的区域，依据历史调查数据按相同的方法进行评价并判定类别。统计行政区内所有农用地的不同类别的面积与比例。

5.5.4 关于耕地土壤环境质量类别划分

按照“土十条”的要求，要对耕地进行环境质量类别划分，进行分类管理。因此在详查数据及评价方法的基础上，考虑数据的可得性和方法的标准化程度，简化了评价程序，略去活性评价和累积性评价，仅保留了根据表层土壤污染物总量的初步评价和根据农产品数据的农产品安全评价，保留详查单元的基本信息，以便实现由点及面。

类别划分是动态的，有关部门可在初次确定的安全利用类、严格管控类的农用地分布区域，进一步开展加密调查，精准划分农用地土壤环境质量；也可根据土壤污染治理修复的情况，动态调整土壤环境质量类别，并综合考虑管理的可操作性、社会可接受度及经济可承受能力，合理确定分类管理边界。

5.6　评估结果的地图表征与统计

5.6.1　离散点表征

通过野外布点采样，检测各个评价因子的含量和单项污染指数，将单个点位的指标等级（5.3.6 节）用不同颜色的点来表征各点位的超标等级和累积等级。这种方法的优点是简单，能够客观地反映离散样本点的土壤环境质量状况；缺点是单个样点无法体现面积概念。

5.6.2　连续面表征

（1）空间插值法

对采样点数据进行空间插值获得评价指标的空间分布；然后对插值结果进行单项污染指数和综合污染指数计算；最后按标准临界值划分污染等级，获得研究区域土壤环境污染等级的空间分布图。基于 GIS 的土壤环境质量评价方法很好解决了传统单点评价的不足，其将 GIS 的空间分析功能和地统计分析功能相结合，将地统计学中变异估计引入农产品产地土壤环境质量评价中，通过克里格插值识别数据的全局性，建立半变异函数，得出农用地土壤环境质量状态分布趋势图，利用空间变异函数分析不同土壤重金属指标的空间变异趋势。通过向 ARCGIS 软件输入采样点、采样边界的点位坐标和采样点的污染状况，通过插值反映区域污染物的分布状况和单个污染物的污染程度，体现该区域的污染状况。

这种方法的优点是可以体现区域土壤环境质量不同级别的面积比例，但插值容易导致以偏概全，存在局部污染而全局遭殃的可能。

（2）划分评价单元

根据地形的均一性、灌溉水源同一性、污染源的一致性，把一定的调查区域划为不同的评价单元，同一单元内的土壤应该在相同的地貌单元上，灌溉水源一致，受相同的污染源影响，土壤环境质量无大的差别；如果调查单元内不同点位的超标程度差异较大，并且不同超标程度的点位有明显的聚类分区，则按点位超标特征重新调整调查单元。这样，评价单元内的点位土壤环境质量特征一致。

5.6.3 汇总统计农用地土壤环境质量类别面积

可分别按单因子类别、多因子综合类别统计详查范围内不同土壤环境质量类别面积及其比例，其中土壤镉（Cd）、汞（Hg）、铅（Pb）、砷（As）、铬（Cr）的单项及综合统计见表5-19，其他污染物的单项及综合统计见表5-20。本次详查未布点的区域依据历史调查数据按相同的方法判定类别。

统计行政区内所有农用地的不同类别的面积与比例，其中土壤镉（Cd）、汞（Hg）、铅（Pb）、砷（As）、铬（Cr）的统计见表5-21，其他污染物的统计见表5-22。

表5-19 详查范围不同类别农用地面积统计（镉、汞、砷、铅、铬单项或综合）

类别	初步判定类别		辅助判定后的类别	
	面积/公顷	占详查范围内农用地面积比例/%	面积/公顷	占详查范围内农用地面积比例/%
优先保护类				
安全利用类				
严格管控类				

表5-20 详查范围不同类别农用地面积统计（其他单项或无机3项综合或有机综合）

类别	面积/公顷	占详查范围内农用地面积比例/%
优先保护类		
安全利用类		

表5-21 行政区内不同类别农用地面积统计（镉、汞、砷、铅、铬单项或综合）

类别	初步判定类别		辅助判定后的类别	
	面积/公顷	占行政区内全部农用地面积比例/%	面积/公顷	占行政区内全部农用地面积比例/%
优先保护类				
安全利用类				
严格管控类				

表5-22 行政区内不同类别农用地面积统计（其他单项或无机3项综合或有机综合）

类别	面积/公顷	占行政区内全部农用地面积比例/%
优先保护类		
安全利用类		

第6章　国内外农用地分级分区管理研究

6.1　国外农用地分区管理的实践经验

6.1.1　部分国家的分区管理经验

（1）美国

美国属于联邦国家，一般由政府通过立法或依靠行政权力，将土地利用分区管制以达到保护农用地的目的。政府通过立法或依靠行政权力，通过划定城市发展边界、城市建设区和农业区的方式，强制农业区的农用地不准用于非农业用途，从而达到保护农用地的目的。具体的分区方法有三种方式：一是地方政府在规划条例中划定农业区和城市建设区，农业区的划定一般要参考农用地的区位、水资源状况和生产潜力，农业区内的农用地必须保持农业用途，一切建设活动将受到政府的严格限制，并在编制总体规划时，注意避免基础设施建设占用农用地；二是一些州政府通过法律划定城市的发展边界，禁止城市建设超出法定的边界，间接保护了城市发展边界外的农用地；三是一些州政府通过农业区域法，将大量连片的优质农用地（包括基本农地和特产农地）依法划定为农业区域，区域内的所有农用地只能用于农业用途，并给予农业区域内的农业生产各种政策优惠，保护农民发展农业的积极性，而且防止城市发展将农业区域兼并，从而达到保护农用地的目的。美国农业部将优质农用地定义为：“土壤、坡度和排水情况最适合种植粮食、饲料和油料作物的土地”。

①美国城市发展边界

所谓“城市发展边界”，就是用一假想线来划分城市和非城市（农田和林地等）的土地，通过实施低密度土地使用政策和区划管制技术来限制城市用地，防止城市在增长边界以外发展。“城市发展边界”实现从农业用地到城市用地的有序和高效的过渡，满足城市发展边界内的城市人口和城市就业对土地的需求，确保有效使用土地，促进既有城市地区的紧凑增长，又保护农场、林地和开放空间，提供宜居社区。

俄勒冈州的“城市发展边界”政策受到严格的州立法管理，由州级层面的管理部门负责审批，其建立、执行和更新是有科学依据的。俄勒冈州立法规定，各郡必须每年向州土地保护和开发委员会汇报其所有有关农田、森林、牧场和混合用地区域土地利用及土地划分许可申请的决策情况。俄勒冈州大约有 1 600 万英亩（647.5 万 hm^2）私有土地位于专属农业区，受州立规划体系的法定管辖。专属农业区的区划法禁止土地用于城市用途，如居住区、商场或公园。俄勒冈州政府通过建立专用农业区、森林区、农业—森林区、城市用地储备区、农村储备区以及土地开发权转换制度等土地管理政策来保护资源用地，确保城市发展边界内城市用地可以高效使用；通过城市基础设施分期发展来引导城市扩张；通过税收政策调节用地。

②美国波特兰市农用地保护优先区典型案例

波特兰市土地利用规划的显著特点是重视保护现有农用地，具体就是严格限定城市拓展边界，也就是在城市建设用地区域与农用地保护区划定界限，预留城市发展未来 20 年的用地空间，城市建设严格限定在边界内进行，不允许在界外进行建设，从而控制城市边界的蔓延，避免占用边界外的农田和林地。俄勒冈州农业区划和开发规定，农用地面积达到 80 英亩（32 hm^2）以上才允许建设一处住宅，且在建造住宅前，该土地的农业产值必须连续 3 年达 8 万美元以上；在保护林区，至少 80 英亩（32 hm^2）林地才可划为保护区，至少 160 英亩（65 hm^2）林地才可以建造一栋房屋。科学严格的土地利用规划使大片农田和林地被保护起来，为实现经济社会可持续发展创造了良好条件。

美国在划定农用地土壤环境优先保护区时提出了“土地评价与立地分析”系统，既充分考虑了土壤质量，又综合考虑了地块大小、距离交通要道远近和有无排水系统等因素。基于此，美国将农用地划分为基本农用地、特种农用地、州重要农用地和地方重要农用地共四类，划分依据见表 6-1。同时，对这四种农用地分别采取保护措施，包括在农用地保护规划中确定这四种农用地的保护范围和先后顺序。

表 6-1　美国农用地划分及保护措施

农用地分类	划分依据
基本农用地	现行农业生产方式和管理水平下，最适宜生长粮食、饲草、纤维和油料等作物，并以少量劳动和资金投入、极小的环境代价便可形成高产的土地。禁止改变用途，总面积 1.588 亿 hm^2
特种农用地	生产特定高价值粮食、纤维和特种作物的土地。区位、肥力等特殊条件使其对特定作物有特定的适宜性，禁止改变用途
州重要农用地	各州的一些不具基本农用地条件而又十分重要的农用地。可有条件改变用途
地方重要农用地	有很好的利用和环境效益，且被鼓励继续用于农业生产的其他土地。可以改变或有条件改变用途

随着社会发展和理论研究的逐渐深入，美国逐渐建立起多手段相结合的农用地保护政策体系，概括地说就是形成了以土地利用规划为基础，以法律手段为保障，以政策手段弥补法律不足的多样化农用地保护体系，提高社会参与程度的保护方式。

（2）日本

日本是一个国土面积狭小、耕地资源稀缺的国家，因此农用地保护的目标确定为保护其生产能力和足够的生态空间。根据《农业振兴地域法》《农业法》等法律要求，限定农用地的土地利用，规定农用地不能被任意侵占，农业用地之间不许任意转用。

日本将农用地划分为城市化调整区域内的农用地和城市化调整区域以外的农用地两大类。城市化调整区域内的农用地包括都市设施区域内的农用地、市街地内或之间的农用地，这类地域大多数为建筑物，农用地较零散，因此政府鼓励并引导使用这类农用地进行非农建设。城市化调整区域以外的农用地分为两种：第一种是农业保护区，包括土质优良、生产效率高的农用地，机械化作业的农用地和为农业生产服务的道路、水渠等公共设施，这种农用地为永久性的，不准进行非农建设。第二种包括将来城市化发展需要占用的农用地、生产效率低的农用地和规模较小（<20 hm^2）的农用地。当城市化调整区域内的农用地不能满足政府的非农建设需要时，可以使用此类农用地。

（3）英国

英国是西欧国家，人口密度高。英国通过制定一系列程序、习俗和规则组成的规划体系控制土地用途，确定了保护农用地及其乡村景观的目标。英国举世公认的农用地保护经验就是其广阔的乡村土地在城市发展的压力下被保留下来。英国的农用地和乡村保护法规定所有开发都必须取得规划许可，城市发展与其周围乡村保护相协调成为一种社会准则渗透在整个规则体系中。

英国建立了农业土地分类系统，作为规划许可的基础。这一系统是在英格兰和威尔士开展的勘测调查基础上划分的，为规划者提供土地质量方面的战略指导。伴随地理信息系统技术的出现以及相关气候、土壤等数据的增加，评价的精度不断提高。1999 年以后，调查评价工作从以政府为主转为私人咨询为主。英国陆军测量局生产的农用地分类图比例尺从 1：10 000 到 1：50 000 不等。

英国把农用地质量从好到差分为 5 个等级，分别为优质（1 等）、很好（2 等）、好（3 等）、差（4 等）、很差（5 等）。其中，3 等“好”又分为好（3A）和一般（3B）两级。优质多样性农用地指的是 1 等、2 等以及 3A 等级，这类土地是最具生产力和效率的，可用于食物及非食物（如纤维、药品等）生产等。英国高质量的农业用地较少，根据英国农业土地分类系统的划分，较好且高产的农业用地仅占全国总量的三分之一左右。对于评价为 1 等、2 等以及 3A 等级的高质量农用地，政府实行严格保护。国家规划政策指南第 7 部分（PPS7）——“乡村地区的可持续发展”中规定，对于 1 等、2 等以及 3A 等级的农业用地，在决定开发申请时，应该综合考虑该地块其他的可持续发展指标情况（包括生物多样性；景观质量；美学和传统价值；到达基础设施、劳动力市场和农产品市场的距离；是否有利于保护自然资源，包括土壤质量等）。当占用农用地确实不可避免时，除非较好等级的农用地与上述其他可持续发展目标有所冲突，否则地方规划机构不得占用这些高质量农用地，而应当选择质量稍次的农业用地（3B 等、4 等和 5 等农用地）。对于占用 5 hm^2 以上的绿地（greenfield）建房或者建 150 栋住房以上占任何面积的绿地，地方政府在批准规划许可前，必须通知中央政府，由中央政府给出指导意见。通过公众的支持保护农用地。英国公众对乡村的热爱使大片农用地免受城市扩展的影响。因此，从 1987 年开始，农用地转为建设用地考虑更多的是农用地的环境价值而不是农作物的生产能力。

（4）加拿大

加拿大环境部从 1950 年开始对全国农用地进行分类，统筹考虑土层厚度、保湿性及排水性、作物适应范围、有机质含量、土地限制条件等因素，按现有生产能力将全国耕地分为七大类。第 1 类农用地是指土壤对种植作物没有明显的限制因素，土层厚，保水性好，无过涝现象，自然肥力好，在较好的管理水平下，可种植高产量的粮、菜、油、果等多种作物。第 2 类农用地是指土壤对种植作物有一些限制因素，土层厚，保水性好，限制条件中等，对种植作物稍有选择性，在较好的管理下，对于一定范围内的作物可以获得中等以上的产量。第 3～7 类依次递减。在土地利用规划上，1、2 类农用地不能改变用途；3、4 类农用地有条件改变用途；5、6 类农用地可改变用途。

加拿大的农用地保护被列入国家政策议程是从 20 世纪七十年代初开始的，到七十年代中期，各省相继制定了农地保护计划，重点通过制定以自然要素为主的土地利用规划，以阻止或减缓在高质量农地上的城市土地开发。随着经济的发展，人们逐渐意识到农地保护规划面临多方面的挑战，这就要求农地保护规划不仅仅停留在以自然要素为主的土地利用规划层面上，而要充分考虑社会和经济因素。尽管加拿大是一个土地资源丰富的国家，但政府对优等农用地仍实行保护政策，控制城市外延的发展，对城市外围建设项目进行严格的管理。

（5）韩国

韩国制定了农业振兴地域制度，将农业振兴地域划分为农业振兴区域和农业保护区域。农业振兴地域的农地一般都是优质农地，由市长或道知事经过林部长官同意后划定。划定农业振兴地域时，要充分考虑地域的自然、经济、社会特性，以便有效利用和保全农业振兴地域。一旦划定，在农业振兴地域的行为就受到限制，原则上只允许与农业生产和农地改良直接有关的行为，但允许建立农林水产物的加工处理设备，农民共同利用的设施，农民住宅，农渔业用设施以及其他国防、军事设施，河川、水库、道路等公共设施等。在农业保护区域内，禁止建立排出大气、水质污染物质的设施，还禁止建立工厂（1 000 m^2 以上）、共同住宅（2 000 m^2 以上）、餐厅（100 m^2 以上）和其他建筑物（3 000 m^2 以上）。

6.1.2 国外农用地分区管理的优缺点分析

在发达国家除了污染源控制和末端治理之外，管理者们普遍意识到，空间开发秩序的混乱是造成大面积环境污染和生态破坏的重要原因。因此，土地利用分区管制成为从源头上控制环境污染和生态破坏的重要手段。

（1）国外经验的借鉴作用

①农用地分区管制必须有法律保障

除《土地管理法》以外，还应借鉴国外经验，根据需要出台或完善农用地分区管制所涉及的法律法规，完善农用地分区法律、法规体系。制定的法律法规应该内容详细，可操作性强，并应根据发展适时对各种规定和限定条件进行修改。对不按规定用途使用者所负的法律责任应有明确的规定，同时应加大违法惩处力度。

②强化土地利用总体规划和城市规划

加强土地利用总体规划和城市规划的法律强制性和实施性，通过规划限制城镇的无序扩张和经济建设对农用地的占用，保护城镇郊区高质量的农用地资源；通过土地利用规划来调整农业结构，建立农用地土壤环境保护优先区，实现农产品的集中生产。

③具有直接管制的科学性

为了既能从宏观上确保社会经济发展对于农用地资源的最基本需求，又适应社会经济发展变化的客观要求，可以根据农用地分区类型实施具有一定等级差异的管制。在分区的基础上，还要在类型区内进行农用地等级分等评价工作，这不仅对于规定重点保护区具有实践意义，而且对于解决当前“占一补一”制度实施过程中的“占优补劣”问题十分有效。

④分区管制要与经济手段相结合

实施分区管制的经济手段应以构建土地用途管制的经济约束机制为中心。一是将土地占用社会外部性成本纳入地价体系，从而提高土地占用成本，抑制土地占用行为。二是科学实施土地税收制度，促进土地利用。税制结构要简化和易行；科学界定土地税收的征收范围和税率，以切实起到合理配置土地资源，促进房地产业发展的作用；完善和严格土地增值税条例，合理分配土地收益，确保公平和效益。

⑤结合可持续发展观制定合理的土地利用分区管制体系

我国在国土资源保护，尤其是农用地资源保护和自然生态环境保护方面面临的任务比其他任何一个国家都要艰巨得多。因此，在我国实行农用地分区管制制度，一定不能只顾眼前利益，盲目片面追求经济效益。应高度重视对国土资源和生态环境的保护，站在可持续发展的角度，将当前利益和长远利益相结合，经济效益与社会效益、生态效益相结合，科学合理地制订土地利用分区规划，以迎接人口、资源、环境等方面的严峻挑战。

（2）国外经验存在的问题

国外在土地利用分区管制上存在的问题包括规划方面的问题和经济利益问题。规划方面的问题主要包括：规划体系中规划的种类及层级多，各自的功能、地位及衔接关系不清，因此无法发挥土地利用总体规划在土地利用上的总体指导和协调功能；分区规划过于雷同；分区规划中，有许多分区界线的划定未完全以街道或建筑物为原则，造成一宗土地或一栋建筑物可能跨越不同的使用分区，产生土地使用及管理上的问题。经济利益问题主要包括：土地使用分区管制中，由于不同使用分区的划定及其使用强制等方面的管制，往往造成权益受损或获利不公，引起不同种类土地的增值速率与额度差别极大。

6.2 我国农用地分级分区研究基础

我国幅员辽阔，由于自然资源禀赋、土地开发强度和潜力、土地利用类型、利用格局、利用方式、利用方向、土壤环境容量等存在差异性，导致功能定位、环境污染问题、环保对策有所不同，开展土壤环境功能区划、实施土壤环境分区管理是实现对土壤环境有效管理的重要基础工作。

中华人民共和国成立以来，我国相继开展了自然区划、部门区划、经济区划和功能区划等基础性工作，但主要目的是为了自然资源开发和优化产业布局服务，尚未将环境保护作为空间管理的重要内容。因此，借鉴国外农用地分区管理的实践经验，针对我国农用地土壤环境实施分区管理，对提高我国农用地土壤环境保护的整体水平具有重要意义。

6.2.1 农用地分等定级研究

农用地等别是依据构成土地质量稳定的自然条件和经济条件，在全国范围内进行的农用地质量的综合评定。农用地等别划分侧重于反映因农用地潜在的（或理论的）区域自然质量、平均利用水平和平均效益水平不同，而造成的农用地生产力水平差异。农用地分等成果在全国范围内具有可比性。

农用地级别是依据构成土地质量的自然因素和社会经济因素，根据地方土地管理工作的需要，在行政区（省或县）内进行的农用地质量综合评定。农用地级别划分侧重于反映因农用地现实的（实际可能的）区域自然质量、利用水平和效益水平不同，而造成的农用地生产力水平差异。农用地定级成果在县级行政区内具有可比性。

农用地分等体系建立在全国统一标准上，开展农用地分等工作的地方需使用统一的国家级参数，计算出行政区内各地方、各分等单元的以基准作物理论产量指数表示的分等指数，以分等指数作为分等的依据。农用地分等的国家级参数，包括光温生产潜力指数、标准耕作制度、产量比系数、指定作物最大产量、指定作物最大“产量—成本”指数等，农用地分等所采用的分等参数，包括农用地质量划分、土地利用系数、土地经济系数等。

农用地定级体系建立在县域统一标准上，应根据县域内的生态条件、经济条件、区位条件、耕作条件划分不同的定级指标区。可以采用修正法、因素法、样地法进行定级。

修正法是在农用地等别划分的基础上，对分等指数进行各种系数修正，以综合鉴定农用地级别的方法。包括必选修正因素（土地区位因素、耕作便利因素）和参选修正因素（局部气候条件、地形地貌、土壤条件、水利状况、土地利用状况、土地现状和土地利用方式等）。

因素法的定级因素包括自然因素和社会经济因素。自然因素包括局部气候差异、地质地貌、土壤条件、水利状况；经济因素包括区位条件、基础设施条件、交通条件、土地利用状况、资源状况、土地现状、土地利用方式等。

样地法中所称的地块特征属性包括农用地的自然属性和经济属性。自然属性主要是土壤因素、县域内局部气候差异和地形地貌因素；经济属性主要是经营便利度、农业工程配套度、农田平整度。

6.2.2 耕地地力等级划分

农业部颁布的《全国耕地类型区、耕地地力等级划分》（NY/T 309—1996）根据耕地基础地力不同所构成的生产能力，将全国耕地分为十个地力等级。根据农业土壤类型、气候条件、土地利用特征共性的特定区域和范围，全国耕地划分为七个耕地类型区。同时建立了各类型区耕地部分的等级范围及基础地力要素指标体系。以全年粮食产量水平作为主导因素，将耕地引入不同的地力等级中，用于确定耕地类型区分布范围和划分耕地地力等级，同时作为全国耕地不同等级面积统计的统一标准。其粮食单产水平为大于 1 500～13 500 kg/hm^2（100～900 kg/亩），级差 1 500 kg/hm^2（100 kg/亩）。

土壤环境质量是农用地土地质量的一个非常重要的方面。农用地分等主要是以农用土地为对象，以土地的生产力指标、土地质量指标和土地环境指标为依据，对农用地质量进行评价。而以上《农用地分等规程》（TD/T 1004—2003）、《农用地定级规程》（TD/T 1005—2003）、《全国耕地类型区、耕地地力等级划分》（NY/T 309—1996）主要是从农用地的生产力角度来划分农用地的级别，目的是为耕地占用与补偿平衡，一方面是防止地方上为实现少补耕地的目的而人为污染被占用耕地，降低被占用耕地等级，另一方面也是因为当时的土地环境资料难以获取。虽然分等定级的技术方法也渗透了土壤污染状况因素，但是污染因素相比于其他因素，在分等定级中所占的权重较小，不能凸显污染因素在很多情况下所起的决定性作用。

6.2.3　生态红线划定

根据《生态保护红线划定技术指南》，生态红线划分主要包括生态系统服务功能重要性评价和生态敏感性评价。

生态系统服务功能重要性的模型评价方法以水源涵养量作为生态系统水源涵养功能的评价指标，以土壤保持量，即潜在土壤侵蚀量与实际土壤侵蚀量的差值，作为生态系统水土保持功能的评价指标，以固沙量（潜在风蚀量与实际风蚀量的差值）和固沙率（固沙量与潜在风蚀量的比值，即生态系统固定风蚀量的比例），作为生态系统防风固沙功能的评价指标，物种多样性保护功能与珍稀濒危和特有动植物的分布丰富程度密切相关，主要以国家一、二级保护物种和其他具有重要保护价值的物种作为生物多样性保护功能的评价指标。

陆地生态敏感性评价主要包括水土流失敏感性评价、土地沙化敏感性评价及石漠化敏感性评价。选取降水侵蚀力、土壤可蚀性、坡度坡长和地表植被覆盖等评价指标，并根据研究区的实际对分级评价标准作相应的调整，对水土流失敏感性进行评价。选取干燥指数、起沙风天数、土壤质地、植被覆盖度等评价指标，并根据研究区的实际对分级评价标准作相应的调整，对土地沙化敏感性进行评价。石漠化敏感性主要取决于是否为喀斯特地形、地形坡度、植被覆盖度等因子。

6.2.4　基本农田保护区的划定及其管制措施

基本农田保护区是指依据土地利用总体规划，依照法定程序为了对基本农田实行特殊保护和管理而确定的特定保护区域。农用地分等定级成果提供了耕地的质量等级，因此在划定基本农田时，首先要考虑耕地的质量情况，质量等级最高的应该优先划入基本农田。其次要考虑耕地的连片性程度，对于同等级的耕地，集中连片程度高的耕地更容易开发利用和管理。第三，要考虑区位条件，如交通沿线、城镇建设用地周边的耕地，这些耕地有较好的交通设施条件，应当优先划入基本农田保护区，而那些需要退耕还林、还湖、还牧的耕地，不应当划入基本农田保护区。

基本农田保护区划定的原则是以土地利用总体规划和农业资源调查区划为依据；以近几年的土地利用现状调查数据和图件为基础资料；坚持“一要吃饭，二要建设”的土地利用方针，优先保护集中连片和高产稳产的耕地；与城市规划、村镇规划相协调；与国民经济和社会发展中长期计划和规划相适应，规划年限一般应在 10 年以上。

（1）划定方法及其优缺点分析

《中华人民共和国土地管理法》有关耕地保护的条例中明确指出国家实行基本农田保护制度。应划入基本农田保护区的耕地包括：

（1）经国务院农业农村主管部门或者县级以上地方人民政府批准确定的粮、棉、油、糖等重要农产品生产基地内的耕地；（2）有良好的水利与水土保持设施的耕地，正在实施改造计划以及可以改造的中、低产田和已建成的高标准农田；（3）蔬菜生产基地；（4）农业科研、教学试验田；（5）国务院规定应划入基本农田的其他耕地。

基本农田保护区划定以乡（镇）为单位进行，由县级人民政府自然资源主管部门会同同级农业农村主管部门组织实施。各省、自治区、直辖市划定的基本农田应当占本行政区域内耕地的 80%以上。

永久基本农田保护区的划定方法包括质量决策法、综合决策法、上下级结合法、规模集中保护法、统筹城乡发展法和统筹兼顾法。这些划定方法的优缺点分析见表 6-2。

表 6-2　永久基本农田保护区的划定方法概述和优缺点分析

划定方法	方法概述	优点	缺点
质量决策法	以农用地分等定级或耕地等级核算结果为基础，把耕地由高等级向低等级排序，参考当地基本农田总需求量，按照由高到低的顺序依次划入基本农田的方法	避免了以往划定基本农田只服从上级分配的指标，重视数量而忽视质量保护的弊端	忽略了影响耕地质量的区位因素、耕地规模集中连片因素的影响
综合决策法	权衡了土地的自然属性和社会经济属性，土地的自然属性方面考虑的是坡度、土壤质地、地表形态、有效土层厚度、盐渍化程度、水文状况、植被等，土地的社会经济属性方面考虑的是有人为因素影响的政策限制、行政干预等	既考虑了影响基本农田保护的耕地自然因素，又考虑了社会经济因素，综合反映了所划定的基本农田中社会经济发展需要、人口对于基本农田的需求量预测	较少考虑基本农田的历史变化和现实分布情况

续表

划定方法	方法概述	优点	缺点
上下级结合法	本级行政区根据本地区的国民经济和社会发展现状及长远规划，耕地资源利用现状以及历年非农建设占用耕地情况，同时结合规划期内各部门已编制的国家重点建设项目、粮食生产、后备耕地资源状况和潜力评估等信息，对指标合理分解，协调全局和局部利益，尊重自然禀赋和区域差异，确定基本农田的数量并拟定基本农田保护目标上报，然后上级行政区综合平衡，将基本农田保护指标再下达给本级行政区	有利于上级对下级的行政领导，能较好地完成面积指标的要求	不能保证基本农田的生产能力，在基本农田保护指标安排中，此法会使耕地流失多的地区较少地承担基本农田保护义务，相对其他地区显然有失公平
规模集中保护法	以单个耕地地块的实际面积大小或者某一基层行政单位耕地面积占该行政区土地总面积的比例为依据，着眼于农田的规模化经营，并且判断耕地空间分布上的集聚性、规模利用的可能性以及耕地破碎化程度，以此为基础确定开展基本农田保护数量和保护区的规划落实	使集中连片程度不同的耕地对应了不同级别的保护区，对这些不同级别的保护区实行差异性保护，促进基本农田的集聚，能够有机协调基本农田保护与区域发展定位	对优质耕地资源的保护缺乏重视
统筹城乡发展法	为了满足未来需求来划定基本农田，决策依据是基本农田的历史变迁、规划引导、耕地现状，着眼于需求的满足，拟定了四项决策规则：质量优选、传承保护、政法规范和政策协调，构建了基本农田划定分析框架“主旨—依据—规则—指标”，相应地引申出四个方面的决策指标	综合考虑了城市和农村的具体发展情况	在确定准则时不能统筹兼顾有所侧重，在选取决策目标时不能考虑地区实际
统筹兼顾法	依据对耕地的内涵、外延的历史考察，兼顾经济发展、资源与生态环境保护的基本农田划定方法。根据这个方法，不应该划入基本农田保护区范围内的耕地包括用于各项建设的耕地、坡度大于25°的坡耕地以及其他发生严重土地退化的耕地，如严重水土流失的耕地、严重风蚀的耕地或污染耕地，应该划入基本农田保护区范围内的耕地包括种植一年生农作物的耕地，因暂时结构调整为栽种果树、林木、花卉等多年生作物在土地详查后确定是耕地的土地，因暂时结构调整为畜禽饲养用地但是可以再复垦的土地以及土地开发整理项目新增的土地等	全面概括了可以划入和不能划入基本农田的耕地	在现行政策框架下，基本农田的概念不能泛化，此方法容易受到影响，其应用存在一定障碍

（2）基本农田划定技术流程

基本农田保护区划定的程序是：①编制土地利用总体规划和基本农田保护规划；②依据经批准的规划，到实地划区定界，落实保护标志和责任人；③制定有关基本农田保护管理措施；④检查验收，建立档案。基本农田保护规划的制定流程如图 6-1 所示。

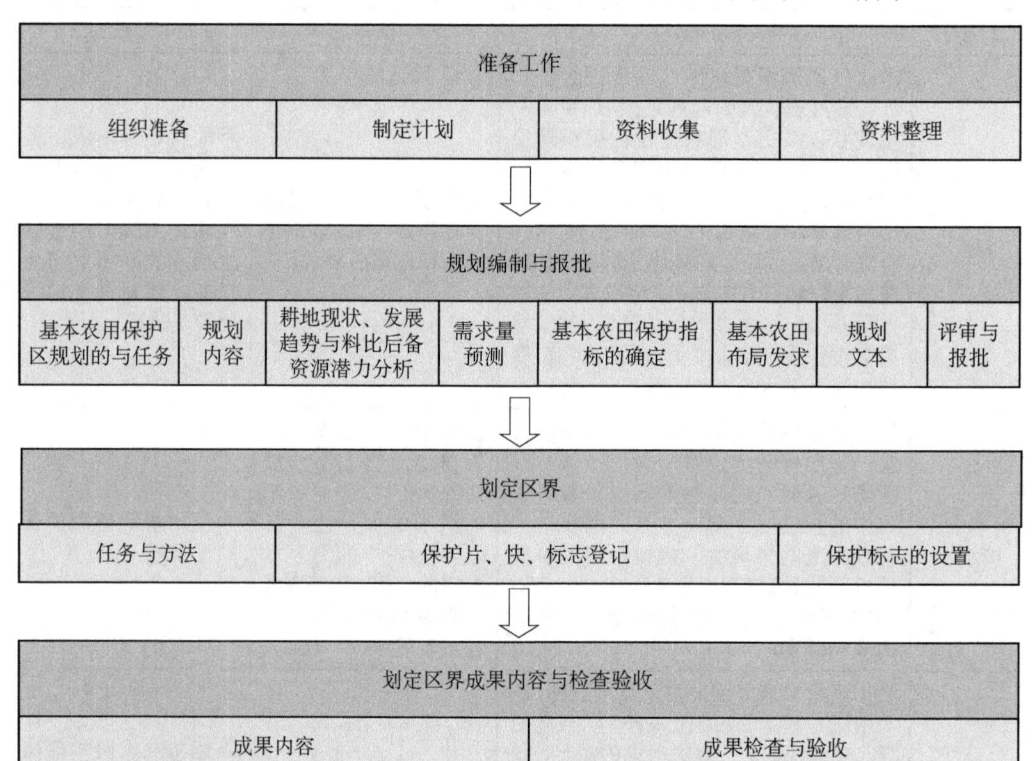

图 6-1　基本农田保护规划的制定流程

（3）管理措施

为了严格执行《基本农田保护条例》，确保高产的基本农田不被无序占用，基本农田可以划分为特殊保护基本农田（比例不能低于 50%）、严格保护基本农田和一般保护基本农田（比例不能高于 20%）三个级别。结合考虑国土资源部、农业部、国家发展和改革委员会、财政部、建设部、水利部和国家林业局七部委联合下发的《关于进一步做好基本农田保护有关工作的意见》中涉及基本农田保护区的管理措施，对不同级别的基本农田实施有差别的保护和分级管理措施。其管理措施如下：

①对基本农田数量和质量的管理。确保现有基本农田数量依据土地利用总体规划划定的基本农田保护区，任何单位和个人不得违法改变或占用。涉及占用基本农田的土地利用总体规划修改或调整，均须依照有关规定报国务院或省级人民政府批准，当地人民政府经国务院批准允许占用基本农田的，应当按照国务院的批准文件修改土地利用总体规划，并且补充划入数量和质量相当的基本农田。占用基本农田的单位没有条件开垦基本农田或者开垦的基本农田不符合要求的，应当按照省、自治区、直辖市的规定缴纳基本农田开垦费，专款用于开垦新的耕地。禁止任何单位和个人闲置、荒芜基本农田。占用基本农田的单位应当按照县级以上地方人民政府的要求，将其占用的基本农田耕作层的土壤用于新开垦耕地、劣质或者其他耕地的土壤改良。

②建设用地占用基本农田的管理。属于国家能源、水利、交通、军事设施等重点建设

项目选址确需占用基本农田保护区的，经国务院批准可以占用属于特殊保护级别的基本农田；属于省级能源、水利、交通等基础设施重点项目用地的不得占用特殊保护级别的基本农田，只能占用严格保护级别的基本农田。严禁违法占用基本农田，除国家能源、交通、水利和军事设施等重点建设项目以外，其他非农业建设一律不得占用基本农田；符合法律规定确需占用基本农田的非农建设项目，必须按法定程序报国务院批准农用地转用和土地征收且只能占用属于一般保护级别的基本农田。经国务院批准的重点建设项目占用基本农田的，满 1 年不使用而又可以耕种并收获的，应当由原耕种该基本农田的集体或者个人恢复耕种，也可以由用地单位组织耕种；1 年以上未动工建设的，应当按照省、自治区、直辖市的规定缴纳闲置费；连续 2 年未使用的，经国务院批准，由县级以上人民政府无偿收回用地单位的土地使用权，该土地原为农民集体所有的，应当交由原农村集体经济组织恢复耕种，重新划入相应保护级别的基本农田保护区。承包经营基本农田的单位或者个人连续 2 年弃耕抛荒的，原发包单位应当终止承包合同，收回发包的基本农田。

③农业结构调整占用基本农田的管理。不得擅自改变基本农田用途和基本农田上的农业结构调整，应在种植业范围进行。农业结构调整不得占用特殊保护的基本农田；农业结构调整若占用严格保护的基本农田必须报经县级以上人民政府批准后方可占用，且不得破坏土地耕作层。不准在基本农田内发展林果业，挖塘养鱼和进行畜禽养殖，以及其他破坏耕作层的生产经营活动。国家提倡和鼓励农业生产者对其经营的基本农田施用有机肥料，合理施用化肥和农药。利用基本农田从事农业生产的单位和个人应当保持和培肥地力。应正确引导农民在一般保护级别的基本农田上进行农业结构调整。

④加大基本农田建设力度。各级政府投资的土地整理项目要向基本农田保护区，特别是国家粮食主产区（主产县）和商品粮基地的基本农田保护区倾斜，落实基本农田土地整理任务。

⑤定期通报基本农田变化情况，建立五级基本农田保护监管网络，开展动态巡查。开展基本农田动态监测和信息管理系统建设，利用卫星遥感手段，定期对基本农田保护区进行监测，及时发现、纠正和查处非法占用基本农田行为。进一步加大对违法违规骗取批准、占用和破坏基本农田行为的执法力度。

⑥落实基本农田保护责任。将耕地和基本农田保护工作纳入政府领导任期目标考核的内容，签订责任书，明确由地方各级政府对土地利用总体规划确定的耕地保有量、基本农田保护面积和质量负责，定期进行目标考核并兑现奖惩措施。

国家实施最严格的耕地保护政策明确规定，对基本农田实行“五不准”，即：不准占用基本农田进行植树造林、发展林果业和搞林粮间作以及超标准建设农田林网；不准以农业结构调整为名，在基本农田内挖塘养鱼、建设用于畜禽养殖的建筑物等严重破坏耕作层的生产经营活动；不准违法占用基本农田进行绿色通道和城市绿化隔离带建设；不准以退耕还林为名违反土地利用总体规划，将基本农田纳入退耕范围；不准非农业建设项目占用基本农田（除法律规定的国家重点建设项目外）。

（4）永久性基本农田的划定

2015 年 1 月 5 日，国土资源部、农业部在京联合召开视频会议，部署新常态下耕地保护工作重大行动——落实永久基本农田划定和规范设施农用地管理工作。守住耕地红线和基本农田红线，是农业发展和农业现代化建设的根基和命脉，是国家粮食安全的基石。要以守住耕地红线和基本农田红线为目标，严格划定、特殊保护永久基本农田；以转变农业发展方式、推进农业现代化为目的，特殊支持、严格规范设施农业用地管理；强化土地执法督察，落实好最严格的耕地保护制度和节约用地制度。

划定永久基本农田，是在已有工作基础上的完善，要按照规模上从大城市到小城镇，空间上从城镇周边到广阔农村的步骤时序，将核定的基本农田保护目标任务及时落地到户、上图入库，重点是尽快将城镇周边、交通沿线现有易被占用的优质耕地优先划为永久基本农田，将已建成的高标准农田优先划为永久基本农田。永久基本农田一经划定，不得随意调整或占用。除法律规定的国家能源、交通、水利、军事设施等国家重点建设项目选址无法避开外，其他任何建设项目都不得占用。城市建设要跳出已划定的永久基本农田，实现组团式、串联式发展，不得侵占基本农田建新区，也不能以各种园区、开发区名义非法圈地、占用基本农田。各地要进一步摸清底数、查清潜力、明确任务，依据调整完善后的土地利用总体规划，结合农村土地确权登记，同步推进永久基本农田“落地块、明责任、设标志、建表册、入图库”。2016—2017 年，国土部联合农业部部署开展全域永久基本农田划定工作，全国共划定 15.5 亿亩永久基本农田。

6.2.5 饮用水水源保护区的划定及其管制措施

饮用水水源保护区是指国家为防治饮用水水源地污染、保证水源环境质量而划定，并要求加以特殊保护的一定面积的水域和陆域。饮用水水源保护区的划分适用于集中式饮用水水源地（供水人口数大于 1 000 人）。

（1）饮用水水源保护区的划定

饮用水水源保护区的划分要考虑当地的地理位置、水文、气象、地质特征、水动力特征、水域污染类型、污染特征、污染源分布、排水区分布、水源地规模和水量需求等因素。

在划定水源保护区范围时，应防止水源地附近人类活动对水源的直接污染；应足以使所选定的主要污染物在向取水点（或开采井、井群）输移（或转移）过程中，衰减到所期望的浓度水平；在正常情况下保证取水水质达到规定要求；一旦出现污染水源的突发情况，有采取紧急补救措施的时间和缓冲地带。在确保饮用水水源水质不受污染的前提下，规定的水源保护区范围应尽可能小。

1989 年颁布的《饮用水水源保护区污染防治管理规定》中明确指出我国饮用水水源保护区的划定方法在原则上采用了经验值法和数学模拟法，见表 6-3。

表 6-3 我国饮用水水源保护区划分常见方法及优缺点分析

划定方法	方法概述	优点	缺点
经验值法	当地政府制定饮用水水源保护管理条例，并直接规定饮用水水源保护区的范围。根据相关实践经验直接确定保护区半径 R，以水源地开采井为中心、R 为半径直接得到保护区范围	制定简单、操作方便	因缺乏相应的理论依据，人为因素较大，所划保护区往往需要实践验证才能满足水源地水质保护的要求

续表

划定方法	方法概述	优点	缺点
数值模型法	将地质体概化为物理模型、地下水动力学问题概化为数学模型，在求解得到地下水流场分布的基础上，借助计算机或其他手段，选取时间或降深作为技术标准，划定各级保护区范围	具有较强的科学性	实地操作较难，且涉及的参数较难得到

饮用水水源保护区一般划分为一级保护区和二级保护区，必要时可增设准保护区。其中，一级、二级保护区的范围根据当地的水文地质条件，以地下水取水井为中心，按照溶质质点迁移时间长短的不同来确定；准保护区则根据地下水补给区和径流区的范围确定。另外，一级保护区内水质主要是保证饮用水卫生的要求，二级保护区主要是在正常情况下满足水质要求，在出现污染饮用水水源的突发情况下，保证有足够的采取紧急措施的时间和缓冲地带；准保护区则是为了在保障水源水质的情况下兼顾地方经济的发展，通过对其提出一定的防护要求来保证饮用水水源地水质。

为便于开展日常环境管理工作，依据保护区划分的分析、计算结果，结合水源保护区的地形、地标、地物特点，最终确定各级保护区的界线。充分利用具有永久性的明显标志如水分线、行政区界线、公路、铁路、桥梁、大型建筑物、水库、大坝、水工建筑物、河流汊口、输电线、通信线等标示保护区界线。按照国家规定设置饮用水水源地保护标志。

（2）管理措施

一级保护区内：禁止向该水域内水体排放污水，不得设置排污口，已设置的排污口必须拆除并改道设置；禁止从事旅游、游泳、人工养殖和其他可能污染生活饮用水水体的活动，禁止新建、扩建、改建与供水设施和保护水源无关的建设项目和设施；禁止设置油库，堆置和存放工业废渣、城市垃圾、粪便和其他废弃物。

二级保护区内：禁止新建、扩建向水体排放污染物的建设项目；改建和转产项目，必须削减污染物排放量；禁止设立装卸垃圾、粪便、油料和有毒有害物品的码头；原有污染源必须削减污染物排放量，污染物排放总量削减达不到要求的必须搬迁，以确保规定的水质标准。

准保护区内：禁止新建、扩建、改建国家规定的禁止项目，其他有污染的建设项目，必须进行环境影响评价，采取防治措施；现有污染单位，应限期治理，确保供水水源水质；直接或间接向水域排放废水，其水质必须符合国家及地方规定的废水排放标准，当排放总量不能保证保护区内水质达到规定的标准时，必须削减排污负荷。

6.2.6　自然保护区的划定及其管制措施

自然保护区是国家为了保护自然资源，促进国民经济可持续发展，将一定面积的陆地和水体划分出来，并经各级人民政府批准而进行特殊保护和管理的区域。

我国自然保护区功能区划主要采用国际“人与生物圈”计划的“三区”划分模式，即核心区、缓冲区和实验区这三个区域。我国1994年颁布的《中华人民共和国自然保护区条例》对“三区”的内涵做了明确规定，成为自然保护区功能区划分的基本依据。其中，核心区是“自然保护区内保存完好的天然状态的生态系统以及珍稀、濒危动植物的集中分布地”，禁止任何单位和个人进入；核心区外围可以划定一定面积的缓冲区，只准进入从事科学研究观测活动；缓冲区外围划为实验区，可以进入从事科学试验、教学实习、参观考察、旅游以及驯化、繁殖珍稀、濒危野生动植物等活动。

（1）划定方法及其优缺点分析

对自然保护区合理布局规划常通过生物地理区划法、生物多样性热点区分析法、保护空缺分析法、生态系统服务功能分析法这4种主要途径的研究取得。这些划定方法的优缺点分析见表6-4。

（2）生态系统服务功能分析法划分步骤

①生态服务功能评价。从宏观生态学角度来讲，生态服务功能评价包括维护生物多样性，涵养水源，调节气候，保持土壤与维持土壤肥力，净化环境污染，促进元素循环，维持大气化学的平衡与稳定等，但实际的规划中往往根据规划目标有所选择。在生态服务功能的评价中，首先对生态系统进行分类；然后对各项生态服务功能进行评价，明确其空间分布特征；最后对各项生态服务功能进行叠加，得到生态系统服务功能综合特征空间分布。

②生态敏感性评价。自然保护不但要有效地保护生物多样性与维持生态服务功能，还要保护生态环境敏感区不受破坏，因而要进行生态敏感性评价。在综合评价各项指标的基础上得到生态环境敏感性综合特征空间分布。

③重要物种生境评价。主要以濒危、稀有及其他重要物种为对象，运用地理信息系统明确其主要分布场所及主要生境要求。

④生态重要性空间特征及GAP分析：通过综合生态服务功能的空间分布特征与生态环境敏感性分布来评价每个空间单元的生态重要性，择其重要者进行保护。也可将生态重要性分布图与自然保护区现状图进行叠加并进行GAP分析，找出保护空白地区，在此基础上新建或扩建保护区。

表6-4 自然保护区的划定方法概述和优缺点分析

划定方法	方法概述	优点	缺点
生物地理区划法	是指按照生物分布规律或相似性对某一地域范围进行综合区划	根据地区生态学信息，突出显示出一些特殊生态区，以进行自然保护区合理布局、系统规划的研究	由于生物地理分区是在全球尺度上提出的，因而它的实际操作性很差，只能提供可供选择的各类群落类型，并不能解决哪些类型应该得到保护以及保护区应该建立在哪些地区等问题
生物多样性热点区分析法	以现有生物多样性数据为基础，运用数学计算方法量化表示需要保护的优先序列的过程。生物多样性热点区一般被认为是某个区域范围生物多样性最丰富的地区	可以使短期内集中资源保护那些急需保护的地区，提高生物多样性保护的效率	大尺度的生物多样性热点地区和保护优先区分析容易忽视一些生物多样性并不十分丰富的区域，而这些地区的物种的生存可能面临着更大的威胁

续表

划定方法	方法概述	优点	缺点
保护空缺分析方法	指在现有保护区系统中没有得到充分保护的物种、植被和自然生态系统等的分布区域。保护空缺分析强调对区域内每一物种或植被类型在已有保护区系统内均得到保护，而在保护区系统内未出现的物种或植被类型的分布区就是空白点，而这些空白点正是人们所关注的对象	在应用过程中直观且易于操作，大尺度的保护空缺分析结果可以推动制定具有针对性的区域生物多样性保护行动计划	需要大量精确的动植物分布和生态系统类型分布的数据资料，而目前大尺度的动植物分布资料仍然很不完善，缺少比较权威的数据来源，这就制约了保护空缺分析方法的应用。大尺度的保护空缺分析在自然保护区布局的具体过程中作用并不明显
生态服务功能分析法	以生态重要性评价（其核心为生态系统服务功能）为基础，结合GIS技术来进行保护区体系规划的一种方法。它是在一定范围内，在地理信息系统的支持下，通过分析和评价生态系统所提供的各种不同生态服务功能，生态环境敏感性和重要物种生境评价的空间分布特征，来确定生态重要性的空间特征，提出优先保护生态系统和地区，为生物多样性的保护提供生物学基础	作为一种新的自然保护区体系规划途径，突破了单纯的以生物多样性为保护目的的思路，而更强调生态服务功能的综合性，与保护区设立的目的更加吻合	主要是生态服务功能的评价问题：①生态服务功能的价值，有些价值无法计算，因而会对最后评价结果有不良影响。②所选取的指标参数的精度也是个很大的问题。③生态服务功能是一个综合体，各功能之间互相联系，互相影响，怎样避免重复计算和遗漏计算也是个很大的问题

（3）自然保护区分区管理措施

①核心区：是自然保护区内最为重要的区域，主要包括保存完好的天然状态的生态系统以及珍稀、濒危动植物的集中分布地，自然遗迹的集中分布区。核心区内禁止科学研究以外的任何人进入及开展旅游和生产活动。核心区可以为一块或由几块组成，其面积应尽可能大到足以维持生态系统的自然演替和物种的繁衍以及自然遗迹的有效保护。一般情况下，核心区的面积应占自然保护区总面积的1/3以上。

②缓冲区：位于核心区的外围，主要包括一部分原生生态系统、演替过渡阶段的次生生态系统以及自然遗迹的次要分布区。缓冲区面积应足以保证核心区免遭外界的干扰和破坏。缓冲区内禁止从事任何生产活动，但是可以适度开展严格控制下的观赏、休闲以及原居民的生活等人类活动，以不会直接影响保护对象为管理目标。一般情况下，缓冲区面积应占总面积的1/3以上。

③实验区：在实验区内可以适度规模建设迁地保护、救护、科学研究等基础设施，可以适度建设经营性质的动物饲养场、植物苗圃。

（4）自然保护区的保护等级

根据自然保护区及其保护对象的重要性，以及保护区的功能分区，自然保护区和功能分区的保护等级可分为以下7个级别：

Ⅰ级 绝对保护。除了非损伤和干扰性的科学调查和观测性科学研究，杜绝一切人为活动的干扰，完全保持自然状态。

Ⅱ级 严格保护。除了不会产生消极影响的科学考察、观测和实验等科研活动，杜绝任何经营性和生产性的人为活动因素干扰，严格保护自然景观、自然生态系统及其生物多样性的完整性。

Ⅲ级 自然展示性利用。在不偏离其保护目标的前提下，可以适度允许公众进入参观、游憩、体验和观赏自然景观、野生动植物、文化和地质遗迹等，杜绝对自然景观、生态系统和人类遗产进行人为改造等活动，以基本维持保护区的生态系统功能和生物多样性不受影响。

Ⅳ级 旅游性经营利用。在严格保护生态系统关键功能和旗舰性保护物种不受影响的前提下，可以有序开展旅游活动，适度开展旅游设施建设，发展旅游产业，但是不得从事采集、捕捞、种植等生产性活动，以维持和保护生态系统关键功能和旗舰性保护物种不受影响。

Ⅴ级 限制性生产利用。在保证生态系统功能和生物多样性得到维持的前提下，允许在管控条件下的有限程度的采集、捕捞、种植、居住等生产和生活活动，其生产利用的程度必须得到限制，以使自然景观和生态系统不受破坏性的影响，能够维持保护区生态系统和主要被保护物种的自然更新和再生繁衍。

Ⅵ级 抚育性资源利用。对于一些特殊或限定保护对象的保护区，在通常的水土资源利用强度下，或开展农林业或环境友好型工业生产的条件下，采用特殊保护和人工抚育等措施，实现对一些特殊或限定保护对象的保护和繁育。

Ⅶ级 资源利用性保护。对于一些重要文物、农业文化和民族遗产保护区而言，其被保护的对象必须通过人类活动才能世代相传，必须是在资源利用的过程中实现保护的目标，这就要求将保护寓于生产和经营活动的资源利用过程之中，通过有序的生产活动实现对重要文物、农业文化和民族遗产的保护和发展。

表 6-5 各类自然保护区及功能区保护等级的设计方案

功能分区	自然生态保护带	综合自然保护群	综合自然保护区	重要物种保护区	重要自然景观保护区	重要遗产保护区
核心区	1	1	1	1	1	1
缓冲区	2，3	2，3	2，3	2，3	2，3	2，3，7
实验区	3，4，5，6	3，4，5，6	3，4，5，6	3，4，5，6	3，4，5，6	3，4，5，6，7

注：1-Ⅰ级 绝对保护；2-Ⅱ级 严格保护；3-Ⅲ级 自然展示性利用；4-Ⅳ级 旅游性经营利用；5-Ⅴ级 限制性生产利用；6-Ⅵ级 抚育性资源利用；7-Ⅶ级 资源利用性保护。

第 7 章　农用地土壤环境优先保护区划定

7.1　划分优先保护区的必要性

7.1.1　现阶段土壤环境保护主要政策

2016 年 5 月底国务院发布《土壤污染防治行动计划》，明确了我国现阶段的土壤环境保护的政策是：以改善土壤环境质量为核心，以保障农产品质量和人居环境安全为出发点，坚持预防为主、保护优先、风险管控，突出重点区域、行业和污染物，实施分类别、分用途、分阶段治理，严控新增污染、逐步减少存量，形成政府主导、企业担责、公众参与、社会监督的土壤污染防治体系，促进土壤资源永续利用。提出对农用地实施分类管理、保障农业生产环境安全，要求划定农用地土壤环境质量类别，按污染程度将农用地划为三个类别，未污染和轻微污染的划为优先保护类，轻度和中度污染的划为安全利用类，重度污染的划为严格管控类，以耕地为重点，分别采取相应管理措施，保障农产品质量安全。

7.1.2　确定农用地土壤环境优先保护区的重要性

我国疆土辽阔，农用地的自然和社会经济条件存在区域差异性，因此农用地土壤环境质量、土壤环境功能、土壤环境承载力等条件也具有区域差异性。为了充分发挥农用地土壤的资源优势，密切结合区域特点，提供因地制宜的农用地保护规划，合理利用农用地，进行农用地土壤环境优先保护区域划定工作。目的是为土地利用的调控和管理提供依据，最终实施分类管理和用途管制，其核心目的是保护农用地，防止农用地盲目地、无限制地转化为非农建设用地，坚守 18 亿亩耕地红线，保证我国的粮食安全。

7.1.3　土壤环境优先保护区确定的内涵

根据我国现阶段的土壤环境保护的主要政策可知，我国现阶段土壤优先保护的主要对象为未污染或轻微污染的农用地，以保障农产品质量安全。基于上述分析，本研究提出土壤环境优先保护区的内涵为：对于目标区域，首先基于土壤环境质量等级，综合考虑污染源状况、区域定位、土壤资源生产力与价值等因素，划分出该区域土壤需要进行优先保护的区域，并提出管理对策的过程。

7.2　农用地土壤环境优先保护核心区确定的技术方法

7.2.1　土壤优先保护核心区划定的思路

综合考虑土壤优先保护区划的内涵，划定优先保护核心区应该考虑以下因素：

首先是土壤环境质量状况，可以采用前述土壤环境质量类别划分的成果，确定优秀保护区；其次是根据土壤的资源生产力价值，可以参考基本农田划分、农用地分等定级及耕地地力等级划分的成果；再次是土壤的生态功能价值，如调节气候、涵养水源的功能及景观美学的需求；最后还需考虑土壤环境面临的胁迫压力，即污染源对土壤环境质量的影响，污染源类型、相对距离、污染物排放强度等，见表 7-1。

表 7-1　土壤优先保护核心区划定考虑的因素

目的	因素	因子	备注
土壤优先保护区	土壤环境质量等级	一级、二级、三级	土壤环境质量现状
	土壤资源生产力与价值	农用地分等、定级	资源生产力价值
		耕地地力等级划分	
		永久性基本农田保护区划分	
	区域定位	调节气候、涵养水源、景观美学	生态价值
		自然保护区	
		生态红线区	
	污染源状况	分布、距离、污染物、污染物数量	压力因素
		排放量、排放强度等	

7.2.2　优先保护核心区确定技术路线

我国农用地土壤环境质量优先保护区域划定，以农用地土壤环境质量评价为核心，遵循稳定性、主导性、综合性、差异性、定量性和现实性原则，参照土壤学知识，咨询有关专家，选取农用地土壤环境质量、农用地生态功能重要性、农用地生产潜力、农用地空间利用适宜性、潜在污染源影响等对农用地使用影响比较大、区域内的变异明显、在时间序列上具有相对稳定性、与农业生产有密切关系的因素，建立农用地土壤优先保护区域评价指标体系。依据评价指标体系综合评价结果，划定农用地优先保护区的核心区范围。重点考虑城镇生活污染源、工矿企业污染源、养殖业污染源等潜在的污染源对农用地的影响，进一步划定农用地土壤环境优先保护区的缓冲区边界和范围，为农用地土壤环境优先保护区分级管理提供空间信息支撑。农用地土壤环境优先保护核心区划定技术路线如图 7-1 所示。

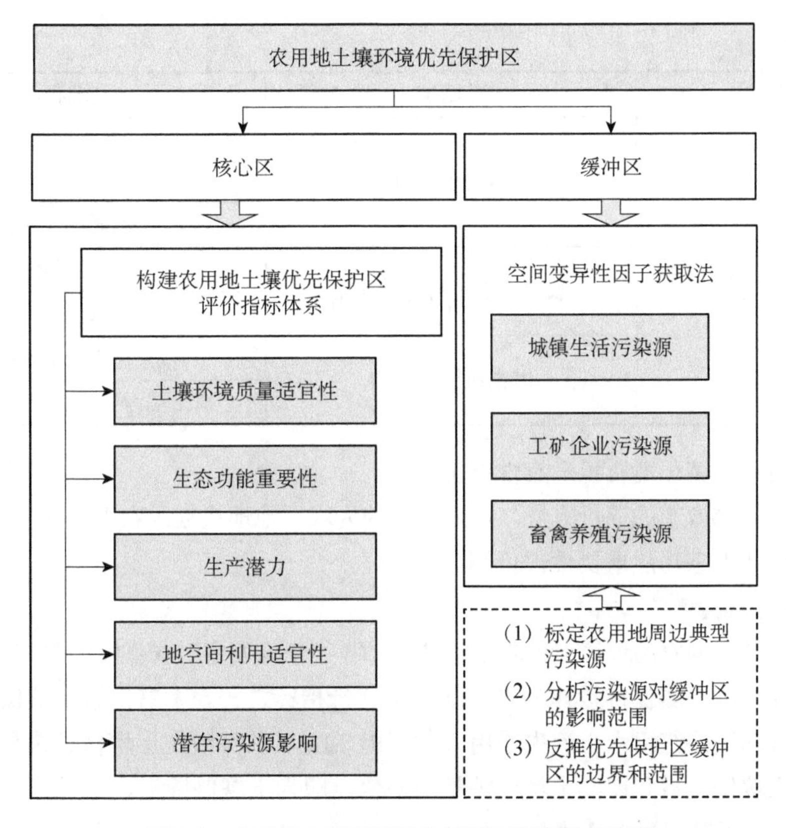

图 7-1　农用地土壤环境优先保护区划定技术路线

7.2.3　建立土壤优先保护区评价指标体系

农用地优先保护核心区划定指标体系评价是根据一个复杂系统同时受到多种因素影响的特点，综合考察社会经济、土壤环境质量等相关因素，依据多个有关指标对复杂系统进行总评价的方法。本书依据科学性、全面性、代表性和可操作性原则，基于农用地土壤环境质量适宜性、农用地生态功能重要性、农用地生产潜力、农用地空间利用适宜性、潜在污染源影响 5 方面建立农用地优先保护区评价指标体系。将评价体系分为目标层、准则层和指标层 3 个层面，其中农用地优先保护为目标层；农用地土壤环境质量适宜性、农用地生态功能重要性、农用地生产潜力、农用地空间利用适宜性、潜在污染源影响为准则层；选取 12 个评价指标为指标层（见表 7-2）。

表 7-2　农用地优先保护区评价指标体系

目标层	准则层	指标层
农用地土壤优先保护区域	农用地土壤环境质量适宜性	污染指数
	农用地生态功能重要性	土壤保持量
		水源涵养量
	农用地生产潜力	坡度
		表层土壤厚度

续表

目标层	准则层	指标层
农用地土壤优先保护区域	农用地生产潜力	有机质含量
		pH
		离居民点距离
	农用地空间利用适宜性	分维数
		连片度
	潜在污染源影响	离主干道距离
		离土壤污染重点行业企业距离

（1）农用地土壤环境质量适宜性评价

按照5.5节、5.6节的评价方法，评为一级的为农用地地块划入农用地优先保护核心区。

（2）农用地生态功能重要性评价

①土壤保持量

水土流失是影响农用地质量的重要因素，土壤养分流失将对农作物产量造成负面影响，因此，本研究选择土壤保持量作为农用地质量评价指标之一。本书使用土壤保持量指示农用地土壤保持功能，应用水土流失通用方程（RUSLE）估算潜在土壤侵蚀量和现实土壤侵蚀量。计算土壤侵蚀量和现实土壤侵蚀量的差值，即为土壤保持量。

现实土壤侵蚀量（A_r）计算公式为：

$$A_r = R \cdot K \cdot LS \cdot C \cdot P$$

潜在土壤侵蚀量（A_p）计算公式为：

$$A_p = R \cdot K \cdot LS$$

式中，A_r为现实土壤侵蚀量；R为降雨侵蚀力；K为土壤可蚀性；LS为坡度-坡长因子；C为植被覆盖因子；P为管理因子。

土壤保持量（A_c）计算公式为：

$$A_c = A_p - A_r$$

式中，A_c为单位面积土壤保持量，$t/hm^2 \cdot a$；A_p为单位面积潜在土壤保持量，$t/hm^2 \cdot a$；A_r为单位面积现实土壤保持量，$t/hm^2 \cdot a$。

降雨侵蚀力参数（R）：降雨是导致土壤侵蚀的主要动力因素。本书选用基于月平均降雨量和年平均降雨量的降雨侵蚀力因子计算方法计算R值，之后再基于ArcGIS空间数据分析软件，采用克里金插值法生成30 m×30 m分辨率的降雨侵蚀力因子栅格图层。

$$R = \sum_{i=1}^{12} \left(1.735 \times 10^{(1.5\lg(P_i^2/P) - 0.8188)} \right)$$

式中，R为降雨侵蚀力因子，$MJ \cdot mm/(hm^2 \cdot h \cdot a)$；$P_i$、$P$分别为月平均降雨量、年平均降雨量，mm。原计算公式计算出的R单位为100 ft·t·in/(ac·h·a)，换算为国际单位$MJ \cdot mm/(hm^2 \cdot h \cdot a)$需乘以系数17.02。

土壤可侵蚀性因子（K）：抵抗水蚀能力越弱，越易受侵蚀；反之，土壤抵抗水蚀能力越强，越难被侵蚀。我国的土壤可侵蚀性因子研究通常是基于土壤可蚀性和土壤颗粒结构建立模型，然后对其进行空间化制图。本书基于土壤类型图，以及土壤切面的土壤颗粒结构计算土壤可侵蚀性因子 K。

$$K=\left\{0.2+0.3\exp\left[-0.0256\mathrm{SAN}\frac{(1-\mathrm{SIL})}{100}\right]\right\}\left(\frac{\mathrm{SIL}}{\mathrm{CLA}+\mathrm{SIL}}\right)^{0.3}$$
$$\times\left[1.0-\frac{0.25C}{C+\exp(3.72-2.95C)}\right]\left[1.0-\frac{0.7SN_1}{\mathrm{SNI}+\exp(-5.51+22.9\mathrm{SNI})}\right]\times 0.1317$$

式中，SAN、SIL 和 CLA 分别为砂粒、粉粒、黏粒含量，%；C 为土壤有机碳含量，%；SNI=1－SAN/100；0.131 7 为美制向公制的转化系数。

坡长坡度因子（LS）：地形是导致土壤侵蚀发生的直接诱导因子，坡长坡度因子（LS）反映了地形坡度和坡长对土壤侵蚀的影响。本书基于 30 m 分辨率 DEM 数据计算坡长和坡度因子。坡长和坡度因子的计算公式为：

$$L=\left(\frac{\gamma}{22.13}\right)^m\begin{cases}m=0.5\theta\geqslant 9\%\\ m=0.49\%\geqslant\theta\geqslant 3\%\\ m=0.33\%\geqslant\theta\geqslant 9\%\\ m=0.21\%\geqslant\theta\end{cases}$$

$$S=\begin{cases}10.8\sin\theta+0.03 & \theta<5^\circ\\ 16.8\sin\theta-0.50 & 5^\circ\leqslant\theta<10^\circ\\ 21.91\sin\theta-0.96 & \theta\geqslant 10^\circ\end{cases}$$

式中，γ 为坡长，m；m 为无量纲常数，取决于坡度百分比值（θ）。

植被覆盖和经营管理因子（C）：植被覆盖和经营管理因子 C 值是指某一特定作物或植被情况下土壤流失量与连续休闲的土地土壤流失量的比值，反映植被覆盖程度对水土流失的抑制程度。完全没有植被保护的裸露地面 C 值取最大值 1.0，地面得到良好保护时，C 值取 0.001 因而 C 值介于[0.001，1]。由于 C 值与植被覆盖度具有较高的相关性，因此，本书先基于 NDVI 数据计算出植被覆盖度，然后计算 C 值，计算公式为：

$$C=\begin{cases}f_c & 10\leqslant f_c<0.1\%\\ 0.6508-0.343611\mathrm{g}(fc) & 0.1\%\leqslant fc<78.3\%\\ 0 & c\geqslant 78.3\%\end{cases}$$

式中，fc 为植被覆盖度，%；C 为植被覆盖和管理因子；NDVI 为归一化植被指数；$NDVI_{max}$、$NDVI_{min}$ 分别为研究区域 NDVI 的最大值和最小值。

运用地理信息系统软件进行图像处理，获取植被 NDVI 影像图，进而计算植被覆盖度。由于大部分植被覆盖类型是不同植被类型的混合体，所以不能采用固定的 $NDVI_{soil}$ 和 $NDVI_{veg}$ 值，通常根据 NDVI 的频率统计表，计算 NDVI 的频率累积值，累积频率为 2%的 NDVI 值为 $NDVI_{soil}$，累积频率为 98%的 NDVI 值为 $NDVI_{veg}$。

$$fc=(\mathrm{NDVI}-\mathrm{NDVI}_{min})/(\mathrm{NDVI}_{max}-\mathrm{NDVI}_{min})$$

土壤保持措施因子（*P*）：土壤保持措施因子（*P*）是一种基于经验和物理过程的混合模型，表示采取水土保持措施后的土壤流失量与顺坡种植时的土壤流失量的比值。利用LandsatTM数据，通过目视解译和面向对象分类的方法获取土地覆盖类型信息。再根据“全国生态环境十年（2000—2010年）变化遥感调查与评估项目”对*P*的取值，对不同土地覆被类型进行赋值，并计算得到*P*值空间分布图层。各土地覆盖类型对应*P*值见表7-3。

表7-3　不同土地覆盖类型对应*P*值

土地覆被类型	林地	草地	旱地	建设用地	水域	裸地
P	1	1	0.4	0.01	0	1

②水源涵养量

在闭合流域内，通过计算水资源输入（降雨）与输出（蒸散量）之差，即可表示为该区域的水源涵养功能，因此，采用降水储存量法计算水源涵养服务，即用农用地生态系统的蓄水效益来衡量其涵养水分的功能，并分析水源涵养量。其前提假设为，多年平均尺度流域的蓄水变量可以忽略不计。

基于降水和蒸散的水量分解模型法，水源涵养量为：

$$\mathrm{WY} = P - \mathrm{ET}$$

$$\mathrm{ET} = \frac{P\left(1+\omega\frac{\mathrm{PET}}{P}\right)}{1+\omega\frac{\mathrm{PET}}{P}+\left(\frac{\mathrm{PET}}{P}\right)^{-1}}$$

式中，WY为水源涵养量；*P*为多年平均年降水量；ET为蒸散量；PET为多年平均潜在蒸发量（采用联合国粮农组织推荐的Penman-Monteith公式计算）；ω为下垫面（土地覆盖）影响系数，本书引用《生态保护红线划定技术指南》中给出的参数值进行计算，见表7-4。

表7-4　下垫面（土地覆盖）影响系数ω参考取值

土地利用类型	耕地	高覆盖林地	低覆盖林地	灌丛	草地	人工用地	其他
ω	0.5	2	1	1	0.5	0.1	0.1

注：覆盖度>30%为高覆盖林地，覆盖度<30%为低覆盖林地。

③农用地生产潜力评价

pH：pH是改良土壤和土壤理化性状的重要指标。随着pH升高，重金属综合有效性降低。本书将pH作为土壤质量的指标，划分为5个等级，分别为6.0～7.9、5.5～6.0或7.9～8.5、5.0～5.5或8.5～9.0、4.5～5.0或9.0～9.5、＜4.5或≥9.5。

表层土壤厚度：是指土壤层和松散的母质层之和，土层深厚有利于植株的生长发育，土层越厚，其保水保肥效果就越好。本书将土层厚度划分为5个等级，分别为≥150 cm、100～150 cm、60～100 cm、30～60 cm、＜30 cm。

有机质含量：土壤有机质含量的高低影响土壤的肥力水平，而且影响土壤的物理性质，增强土壤保肥性和缓冲性，并可促进团粒结构的形成，改善物理性状。本书将有机质含量作为土壤质量的指标，划分为 5 个等级，分别为≥4.0%、2.0%～4.0%、1.0%～2.0%、0.6%～0.1%、＜0.6%。

坡度：坡度是影响农用地质量的重要因子，在坡度较大的地区，农用地水土流失较严重，土壤的生产力较低，因此选择坡度作为影响农用地质量的影响因子。基于分辨率为 30 m 的 DEM 栅格图层，应用 ArcGIS 10.2 空间数据分析软件的 slope 模块提取研究区域的坡度，再使用 reclassify 模块，参考《第二次全国土地调查技术规程》的要求，将农用地坡度划分为 5 个等级，分别为 0°～2°、2°～6°、6°～15°、15°～25°、25°以上°。

农用地到农村居民点距离：从居民点到农耕作业区的空间距离，距离越近，则农耕作业越便利，距离越远，则农业作业越困难。农耕作业的便利程度是农用地质量的重要方面，因此，将农用地到农村居民点距离选为农用地质量指标。经研究表明，研究区最佳耕作半径为 500 m，此距离是农民步行或乘农用运输工具的最优耕作距离，随着距离的增加，便利程度减小，当耕作半径距离大于 2 000 m，则认为是最劣耕作距离，因此，本书将采用等间隔赋值法划分农用地到农村居民点距离等级，分别为 0～500 m、500～1 000 m、1 000～1 500 m、1 500～2 000 m、2 000 m 以上。

④农用地空间利用适宜性评价

分维数（fractal dimension，FRAC）：反映了在一定的观测尺度上，体现了农用地镶嵌体几何形状复杂性，是对农用地斑块和景观格局的复杂程度，也反映了人类活动对农用地景观格局的影响。农用地地块形状规则将利于农用地机械化运作，一定程度上影响着农用地生产经营的高效性，因此，将分维数作为农用地质量评价指标。分维数理论值范围常在 1～2，越接近 2，代表一种自相关为 0 的随机布朗运动的形状，处于最不稳定的状态。本研究使用等间隔赋值法将分维数划分为 5 个等级，分别为 1～1.2、1.2～1.4、1.4～1.6、1.6～1.8、1.8～2。

$$\mathrm{FRAC}=\frac{2\log(p/4)}{\log(a)}$$

式中，FRAC 为农用地块分维数；p 为地块周长；a 为地块面积，m^2；FRAC 值域为［1，2］。

连片度：农用地空间形态的连续性不仅利于农用地产能提高、生态功能发挥及农地价值提升。农用地连片将有利于提高农业生产经营规模，因此，通过农用地连片程度评价农用地质量。农用地连片度由地块面积大小来量化，农用地连片度越大代表连片程度高，反之则连片程度低。

$$I_i=\sum_{j=1}^{m}\frac{w_{ij}a_i a_j}{1+l_{ij}}\left(l_{ij}\leqslant M\right)$$

式中，I_i 表示第 i 个结点的局部连片度，m 表示与第 i 个地块连通的地块个数，a_i 表示第 i 个地块的面积，a_j 表示第 j 个地块的面积，M 表示研究区域指定的最大链接数。

⑤潜在污染源影响评价

农用地到主干道距离：反映研究区农用地交通状况，影响污染物沉降。农用地到主干道路距离越近，农用地受车辆污染的可能性越大，农用地环境质量也越差，因此，选择农用地到主干道距离作为影响农用地质量的影响因子。基于 ArcGIS 10.2 空间数据分析软件中的缓冲区分析模块确定不同农用地质量空间分布。基于交通道路图提取主干道的位置，基于土地利用图提取农用地的位置和数量。根据主干道位置划定不同等级缓冲区，再使用叠加分析方法获得不同质量等级的农用地。本书将农用地到主干道距离划分为 5 个等级，分别为 0～1 000 m、1 000～2 000 m、2 000～3 000 m、3 000～4 000 m、4 000 m 以上。

农用地离土壤污染重点行业企业距离：农用地到土壤污染重点行业企业的距离越近，农用地受工厂或矿产开发等导致环境污染的可能性越大，农用地环境质量也越差，因此，选择农用地到土壤污染重点行业企业距离作为影响农用地质量的影响因子。基于 ArcGIS 10.2 空间数据分析软件中的缓冲区分析模块确定不同农用地质量空间分布。基于实地调研获取土壤污染重点行业企业的位置和数量。根据土壤污染重点行业企业的位置划定不同等级缓冲区，再使用叠加分析方法获得不同质量等级的农用地。经文献调研确定，距离土壤污染重点行业企业的距离小于 2 000 m 时，认为农用地受污染物排放的影响较大。本书将农用地到土壤污染重点行业企业距离划分为 5 个等级，分别为 0～400 m、400～800 m、800～1 200 m、1 200～1 600 m、2 000 m 以上。

7.2.4 确定评价指标权重

本书采用 Delphi 法和层次分析（AHP）相结合的方法确定状态指标权重，这样既吸取了专家经验又避免了纯粹打分的主观任意性，是一种定性与定量相结合的方法。通过建立层次结构模型、构造判断矩阵、请专家填写判断矩阵、层次单排序与检验、层次总排序与检验 5 个步骤，得出各指标的组合权重及其结果。

（1）数据标准化

由于量纲的不同导致不同评价指标之间缺乏可比性，需要对原始数据进行标准化处理。农用地土壤环境优先保护区划定的指标体系中各指标可能存在很大差别，有必要对指标数据进行标准化处理。通过制定评分标准，进行指标数据标准化处理后，将正逆不同的指标转化为正指标；使量纲不同的指标具有相同的量纲或无量纲；并把定性指标变成定量指标。

Min−Max 标准化方法将原始数据进行线性变换。经过标准化处理后，原始数据转换为无量纲化指标测评值。

其中，正向指标标准化：指标观测值越大说明该项成效越好：

$$X_s=X-V_{min}/V_{max}-V_{min}$$

负向指标标准化：指标观测值越小说明该项成效越好：

$$Xs=V_{max}-X/V_{max}-V_{min}$$

式中，X_s 为标准化值；X 为指标值；V_{min} 为最小值；V_{max} 为最大值。

（2）熵值赋权

由于各指标对目标的相对重要程度不同，或者说各指标对目标的贡献不同，因此，应根据各指标的重要性程度，对不同指标赋予不同的权值。较重要的指标赋予较大的权重，相对次要的指标则赋予较小的权重。熵值赋权法是一种常用的确定指标权重的方法，具有以下特点：

（a）熵值赋权法基于“差异驱动”原理，突出局部差异，由各个样本的实际数据求得最优权重，反映了指标信息熵值的效用价值，避免了人为的影响因素，因而给出的指标权重更具有客观性，从而具有较高的再现性和可信度；

（b）赋权过程具有透明性、可再现性；

（c）采用归一化方法对数据进行无量纲化处理，具有单调性、缩放无关性和总量恒定性等优异品质，且鲁棒性较好。

采用熵值赋权法来确定各指标的权重，步骤介绍如下：

熵是系统无序程度的度量，应用熵可以度量评价指标数据的差异程度，并依此确定各项指标的权重。

设有 n 个评价方案，m 项评价指标，则第 j 项指标的熵值为

$$E_j = -k\sum_{i=1}^{n} P_{ij} \ln P_{ij},\ j = 1, 2\ldots m$$

其中，$P_{ij} = X_{ij} / \sum_{i=1}^{n} X_{ij}$，表示第 j 项指标下第 i（i=1, 2…n）个方案指标值的比重；k>0，ln 为自然数，Ej>0 为正常数。

某项指标的指标值变异程度越大，熵越小，该指标提供的信息量越大，该指标的权重也应越大；反之，该指标的权重也越小。因此，我们可以用该指标的熵与 1 之间的差值来表示某项指标对评价的重要程度。

$$d_j = 1 - E_j,\ j = 1, 2\ldots m$$

d_j 越大，指标对评价的重要性就越大。当 $d_j=0$ 时，说明该指标对评价结果影响不大或没有影响，因此，该指标的权重为零。

当 $d_j>0$ 时，指标的权重按照下列公式计算：

$$W_j = d_j / \sum_{j=1}^{m} d_j,\ j = 1, 2\ldots m$$

（3）因素因子权重的确定的原则

①因素、因子的权重由德尔菲法（专家打分）确定；在不同地区，各因素因子权重可能不同，但应在合适的范围内；

②因素层各因素的权重值范围为 0～1，各因素权重和为 1；

③因素内各因子的权重值范围为 0～1，各因子权重和为 1，因子的取值和权重只在因素取值计算过程使用，不直接参与因素层计算。

因素因子建议权重范围见表 7-5。

表 7-5　农用地土壤环境优先保护区域确定指标体系

因素及建议的权重范围	因子	建议因子权重范围
土壤环境质量等级 0.4～0.6		
污染源状况 0.15～0.25	分布	0.1～0.4
	污染物种类	0.1～0.4
	排放量	0.1～0.4
	排放强度	0.1～0.4
区域定位 0.1～0.2	主体功能区	0.2～0.4
	基本农田保护区	0.2～0.4
	农业区划	0.2～0.4
土壤资源生产力与价值 0.2～0.35	农用地分等	0.3
	农用地定级	0.7
生态功能 0.1～0.4	调节气候	0.1～0.4
	涵养水源	0.1～0.4
	敏感受体（特色作物）	0.1～0.4
	景观美学	0.1～0.4

（4）因素因子赋值方法

因素因子赋值遵循以下原则：

①赋值采用百分制，利于土壤或土地质量好的赋值越高；如一级地的赋分一定高于二级地、三级地的赋分；污染源要素中污染物越多、排放量越高的赋值越低。

②对“非此即彼”的因子，如涵养水源的生态功能，要么有要么无，无此功能赋 0 分，有此功能的根据水源地的级别在 0～100 酌情赋分。

7.2.5　农用地土壤环境综合评价

由于农用地土壤环境优先保护区划定指标体系评价系统的复杂性和层次性，各项指标只是从侧面反映了其发展状况，为全面反映目标研究区域整体发展水平、土壤环境功能特征等因素，采用综合指数法（RCIALUI）代表研究区域整体状况，具体是将各项指标采用加权函数法进行计算：

$$\text{RCIALUI}=\sum_{i=1}^{3}\left(\sum_{j=1}^{n}X_{j}W_{j}\right)R_{i}$$

式中，X_j 为第 i 项分类指标所属的第 j 个单项指标的标准化值；W_j 为第 i 项分类指标所属的第 j 个单项指标的权重值；R_i 为第 i 项分类指标的权重；$\sum_{j=1}^{n}X_{j}W_{j}$ 分别为分类评价指标的综合评价值。

根据农用地土壤环境优先保护区综合评价区间值，采用自然断点法，将区间值分为优、良、中、差 4 个级别，耦合评价指标项因子的综合作用成效，以乡镇农用地边界为评价单元，将优、良 2 个级别的区域纳入农用地土壤环境优先保护核心区的范围。

7.2.6　基于已有相关工作的农用地土壤环境优先保护区确定

从表 7-1 的因素入手，充分利用已有的、土壤环境质量类别划分、永久性基本农田的划定以及生态红线的划定结果，直接划定优先土壤环境优先保护核心区。因为基本农田的划定就考虑了区位因素和土壤的资源生产力价值，生态红线的划定就考虑了土壤的生态价值，这样在实际工作中几项工作可以协同推进，既可以节省工作成本，又不至于产生矛盾。技术路线如图 7-2 所示。

农用地土壤环境质量类别划分的结果是体现的土壤的环境质量，在一定程度上也体现了已有的或历史曾有的污染源对土壤造成的影响；农用地分等定级的结果是体现的土壤资源生产力价值，生态红线的划定是体现的是土壤的生态价值。以下划分的优先保护区的保护优先的顺序依次下降：

（1）生态红线内的农用地直接划为优先保护核心区；

（2）土壤环境质量类别划分中土壤和农产品皆不超标的，同时又是分等定级中优等的农用地，划为优等优先保护核心区；

（3）土壤污染物超筛选值但农产品不超标的，同时又是优等农用地，也划为优先保护核心区；

（4）土壤环境质量类别为优先保护类，但土地分等定级的级别低，级生产力低，则划为一般的优先保护区。

7.2.7　农用地土壤环境优先保护缓冲区划定

（1）缓冲区划定方法研究

为农用地分级管理提供科学依据，本书将农用地土壤环境优先保护区划为核心区和缓冲区。由于优先保护区划定评价指标因子的特征分析、评价结果对研究区域周围土地的影响随距离而变化的，使用动态缓冲区模型进行分析。在动态缓冲区生成模型中，影响度随距离的变化而连续变化，对每一个距离值 d 都有一个不同的影响度 F 值，但这在实际应用中是不现实的，因此把 F 根据实际情况分成几个典型等级，并根据 F 确定 d 的等级，在每一个等级取一个平均影响度 F 作为该要素在这个等级上的影响分值。然后通过将各级缓冲区图进行叠加，输出叠加图的影响分值，作为农用地缓冲区划定的定量分析结果。

（2）划定缓冲区划定边界和范围

人类的生产和生活活动向土壤中排放的污染物超过了土壤的承受能力，进而破坏土壤生态系统的平衡，引起土壤理化性质的变化。农用地土壤直接的污染源主要来自于农业生产过程中不合理使用农药、化肥，残留农膜，如 DDT 等高毒农药会通过生物富集和累积作用进入到人类的餐桌上，危害到人体健康安全。因此，明确农用地土壤环境优先保护区缓

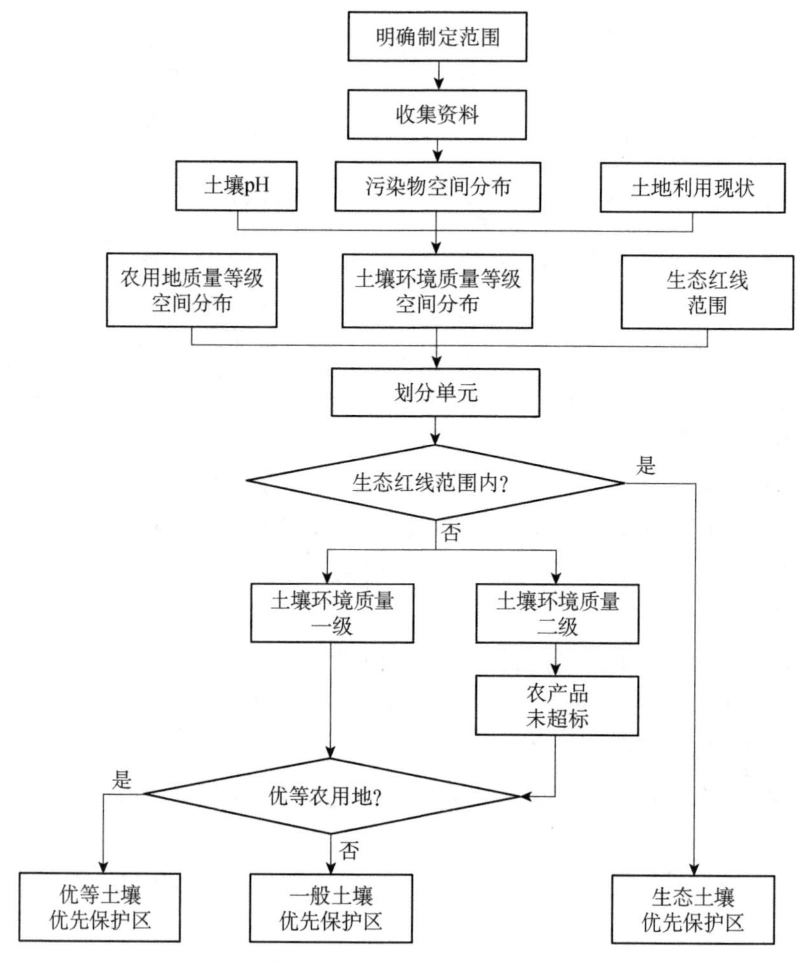

图 7-2　农用地土壤环境优先保护区域确定技术路线

冲区边界和范围，应重点分析其周边潜在污染源对农用地环境影响。采用空间变异性因子获取方法，标定农用地周边典型污染源为测控对象，通过分析城镇生活污染源、工矿企业污染源、养殖业污染源等对缓冲区的影响值，反推出优先保护区域缓冲区的边界和范围（表 7-6）。

表 7-6　农用地土壤环境优先保护缓冲区边界

潜在污染源		影响值	与核心区关系	缓冲区
城镇生活污染源	乡镇居民集聚区	1～2 km	相离	核心区外延 1 km，且扣除影响区
			相邻	核心区内 1 km
			相交	核心区内 1 km，且扣除影响区
	垃圾堆存场所	1 km	相离	核心区外延 1 km，且扣除影响区
			相邻	核心区内 1 km
			相交	核心区内 1 km，且扣除影响区

续表

潜在污染源		影响值	与核心区关系	缓冲区
工矿企业污染源	—	1～1.5 km	相离	核心区外延 1 km，且扣除影响区
			相邻	核心区内 1 km
			相交	核心区内 1 km，且扣除影响区
养殖业污染源	规模化畜禽养殖场	1 km	相离	核心区外延 1 km，且扣除影响区
			相邻	核心区内 1 km
			相交	核心区内 1 km，且扣除影响区
	规模化畜禽养殖小区	0.8 km	相离	核心区外延 0.8 km，且扣除影响区
			相邻	核心区内 0.8 km
			相交	核心区内 0.8 km，且扣除影响区

城镇生活污染源。依据《全国环境统计公报（2014 年）》，全国废水排放总量为 716.2 亿 t。其中，城镇生活污水排放量 510.3 亿 t。废水中化学需氧量排放量 2 294.6 万 t，其中，农业源化学需氧量排放量为 1 102.4 万 t、城镇生活化学需氧量排放量为 864.4 万 t。废水中氨氮排放量为 238.5 万 t。其中，农业源氨氮排放量为 75.5 万 t、城镇生活氨氮排放量为 138.1 万 t。农用地周边城镇生活废水排放会造成土壤生态环境的潜在危害。农用地周边城镇生活废水排放源主要有乡镇居民集聚区、垃圾堆存场所等。一般情况下，乡镇居民集聚区以生活污水排放为主影响周边生态环境，其影响范围约为 1～2 km；垃圾堆存场渗滤液以雨水径流作用影响周边生态环境，其影响范围约 1 km。

工矿企业污染源。环境保护部和国土资源部联合发布《全国土壤污染状况调查公报》显示，全国土壤总的点位超标率为 16.1%，总体情况不容乐观，部分地区土壤污染较重，农用地土壤环境质量堪忧，工矿业废弃地土壤环境问题突出。工矿企业生产经营活动中排放的废气、废水、尾矿渣、危险废物等各类固体废物堆放等，是造成其周边土壤污染的主要原因。乡镇地区工矿企业分散分布，对周边农用地土壤环境质量有潜在影响，一般情况下，其影响范围约为 1～1.5 km。

养殖业污染源。依据《全国环境统计公报（2014 年）》，调查统计规模化畜禽养殖场 140 984 家，规模化畜禽养殖小区 9 128 家，排放化学需氧量为 289.4 万 t，氨氮为 28.7 万 t，总氮为 139.2 万 t，总磷为 23.2 万 t。养殖场未经处理的粪便随意堆放，随着雨水的冲刷流入周边土壤，部分养殖场建在农用地周边，畜禽粪尿和污水未经处理直接排放到农用地土壤，导致大量的氮、磷流失，造成农用地土壤环境污染。一般情况下，规模化畜禽养殖场环境影响范围约为 1 km；规模化畜禽养殖小区环境影响范围约为 0.8 km。

第 8 章　农用地土壤环境保护优先区管理对策研究

8.1　管理需求分析

按照“集中连片、动态调整、总量不减”的原则，对我国农用地土壤环境保护优先区进行管理需求分析。基于对国内外农用地及相关保护区的管理措施研究，我国农用地土壤环境保护优先区既要保护农用地的数量，还要保护农用地土壤环境质量以及布局，三者互相影响，互相联系，缺一不可。

8.1.1　对优先保护区内农用地数量的保护

我国幅员辽阔，地形复杂，资源环境约束大，随着经济社会的快速发展和城镇化进程的不断快速，建设用地与农用地之间的矛盾日益突出。因此，要确保农用地数量的红线，合理控制建设用地增量，提高城镇土地利用率，尽可能少或不占用耕地。加大土地整治力度，做好耕地占补平衡工作。

8.1.2　对优先保护区内农用地土壤环境质量的保护

土壤环境质量是优先保护区划定的决定性因素，《土壤环境质量 农用地土壤污染风险管控标准（试行）》（GB15618—2018）为农用地土壤环境质量的评价提供了评判依据。对保护区内农用地土壤应开展定期监测、调查、风险评估和管理。

8.1.3　对优先区布局的保护

为科学划定农用地土壤环境保护优先区，应与土地利用规划、城乡规划、水土保持规划等相关规划做好衔接，多方面多角度论证，为优先区划定奠定坚实基础。通过对农用地土壤环境质量调查，运用先进科学技术，建立农用地土壤环境保护信息管理系统。建立土地开发整理复垦预备项目库、新增耕地储备库、建设用地项目库以及耕地占补平衡信息管理系统等一系列土地信息管理系统。从全局上掌握农用地的数量、质量及变化趋向，将农用地管理逐步由静态管理向现代化、动态管理转化，一旦发现侵占、毁损农用地的行为，可以通过数据库迅速落实地点、明确责任人，从而全面提升全区的农用地保护管理水平。

8.2　优先保护区的管理对策

8.2.1　建立土壤环境保护优先区域档案和环境质量管理信息系统

农用地土壤环境保护优先区划定之后，县级以上人民政府发布公告，明确本地区农用地土壤环境保护优先区域的范围、面积和边界，设立保护标识，建立和完善保护区防护设施，建立健全保护区档案。根据已有的土壤环境调查数据，设置土壤环境质量监控点位，开展优先区内土壤环境详查和评估，划分土壤环境质量等级。建立农用地土壤环境质量动态数据库，并定期对优先区内土壤进行监测。

8.2.2　加强优先保护区土地用途管制

依法划定优先保护区的保护范围，在优先保护区内实行严格的环境准入原则，严格限定土地利用用途。不准擅自改变或占用保护区的耕地，国家重点建设项目选址确实无法避开基本农田保护耕地的，应取得占用保护区农田许可，批准后方可占用；严禁在农用地优先保护区及其周围新建有色金属、皮革制品、石油煤炭、化工医药、铅蓄电池制造等排放重金属、持久性和挥发性有机污染物的项目；农用地优先保护区周边缓冲区区域内禁止改变耕地用途，从严控制在优先区域周边新建可能影响土壤环境质量的项目。不准占用保护区农田植树造林，发展林果业、挖塘养鱼和进行畜禽养殖；不得以退耕还林为名，违反土地利用总体规划将耕作条件好的保护区内农田纳入退耕范围。不准在保护区建窑、建房、建坟、挖沙、采石、采矿、取土、堆放固体废物或者进行其他破坏基本农田的活动；不准占用保护区的农田进行绿色通道和绿色隔离带建设；各县（市）区应当依据土地利用总体规划，将保护区保护范围落实到村屯和地块。保护区内的耕地只能用于粮、菜、油的种植；禁止非法占用保护区内的沟渠等水利排灌系统用地和道路交通设施用地，确保保护区排灌系统、道路完好畅通；保护区已建的不符合规划用途的各类建筑物、构筑物不得进行重建或改建，并应分期分批逐步迁移，复垦还耕；提倡和鼓励基本农田保护区内的其他土地开发、复垦、整理为耕地，鼓励通过基本农田土地整理，改善保护区内农业基础设施条件，提高粮食生产水平。禁止任何单位和个人闲置、荒芜优先保护区内的农田。经国务院批准的重点建设项目占用基本农田的，满 1 年不使用而又可以耕种并收获的，应当由原耕种该幅基本农田的集体或者个人恢复耕种，也可以由用地单位组织耕种；1 年以上未动工建设的，应当按照省、自治区、直辖市的规定缴纳闲置费；连续 2 年未使用的，经国务院批准，由县级以上人民政府无偿收回用地单位的土地使用权；该幅土地原为农民集体所有的，应当交由原农村集体经济组织恢复耕种，重新划入农用地优先保护区。承包经营基本农田的单位或者个人连续 2 年弃耕抛荒的，原发包单位应当终止承包合同，收回发包的农用地。

8.2.3 加强农用地土壤环境保护优先区域污染源排查和整治

组织开展农用地土壤环境保护优先区域及其周边影响土壤环境质量的重点污染源排查，提出搬迁和整改计划。以涉及重点污染物排放的国控、省控、市控重点污染源为对象，对污染物种类、产排量以及日常监管措施落实情况等进行排查，编制污染源整治方案。

核心区：对严重影响土壤环境保护核心区土壤环境质量的工矿企业，提出搬迁计划。

缓冲区：对严重影响土壤环境保护缓冲区土壤环境质量的工矿企业，责令限期治理，未达到治理要求的由县级以上政府依法责令关停，并责令其对造成的土壤污染进行治理修复。督促企业采取措施削减、控制废水废气中重金属和持久性有机污染物的排放。

8.2.4 建立严格的农用地土壤环境保护优先区环境管理制度

根据区域环境特征、污染源类型及分布情况，严格土壤环境保护优先区划定与调整，加强保护设施建设。

严格控制在优先保护类耕地集中区域新建有色金属冶炼、石油加工、化工、焦化、电镀、制革等行业企业，现有相关行业企业要采用新技术、新工艺，加快提标升级改造步伐。禁止在核心区内新建上述企业。严控核心区域农药、化肥、农膜等农用投入品使用，加强环境监管。禁止污水灌溉。建立和完善重点农田灌溉水水源调查、评估、监测及预警制度。建立保护成效的评估和考核机制，开展土壤环境“以奖促保”试点工作，对措施落实到位、土壤环境质量得到有效保护和改善的地区给予奖励；对未达到核心区域土壤环境保护要求、造成土壤环境质量明显下降的地区，要依法问责。省级人民政府要对本行政区域内优先保护类耕地面积减少或土壤环境质量下降的县（市、区），进行预警提醒并依法采取环评限批等限制性措施。

8.2.5 完善优先区农用地环境管理的监管机制

目前，我国享有农用地污染防治、农用地环境管理权限的主体主要有：农业、环境保护、国土等相关行政管理部门，这些部门之间关于农用地环境管理、污染防治的职权存在界定不清、交叉重复、职权失位（空缺）现象，造成“有利可图的，争着管；无利无害的，看心情；无利可图又要干事的，没人管”的现象，这种现象使农用地环境管理长期处于“喊口号”、流于形式的状况，无法达到预防与治理的要求，而且使农用地环境污染越来越严重。因此，进一步深入研究我国农用地环境管理的特点，针对我国农用地环境污染现状及发展趋势，结合我国政府职能配置方案，探讨建立形成上下联动、横向配合、信息交流畅通、责权利益明晰、管理高效的农用地环境管理体制机制，对于提升农用地环境管理水平，保障农用地环境质量极为重要。因此，应首先以法律的形式确立以县级以上农业行政主管部门为主导，环境保护、土地等职能部门分工负责、相互配合的农用地环境行政管理体制，突出农业和环境保护行政主管部门在耕地土壤环境管理中的作用，具体管理架构如下。

县级以上各级人民政府统一领导本辖区的耕地环境管理工作，应当将耕地环境管理工作纳入国民经济和社会发展规划，并采取有利于耕地环境的经济、技术、政策和措施。国务院农业行政主管部门和县级以上农业行政主管部门主管该辖区耕地环境污染预防与控制，具体负责对耕地环境的调查、监测、预警、治理，防治农产品产地污染。县级以上环境保护主管部门负责工业污染源的监督管理，防止工业废气、废水、固体废物、工业辐射等工业污染物质进入耕地，造成耕地环境污染。县级以上国土、林业、建设、规划等相关部门在各自的职责范围内负责耕地环境污染预防工作。重点完善建立耕地环境管理部门间联席会议机制，信息共享机制，管理责任人及单位的奖罚机制、考核机制，监督反馈机制，加强多部门的联动监管，完善监管机制。

8.2.6　建立健全农用地保护补偿机制

农用地保护补偿机制真是一种“以奖代罚”的保护农用地的重要手段，对于农用地保护有着极其重要的作用和意义。我国农用地保护长期以来重视“约束性”保护和“建设性”保护，但对“激励性”保护重视不足。经济激励政策在农用地保护中长期缺位，导致农用地保护者得不到应有的经济补偿和激励，农用地占用者无偿或以较低成本占用了有限的农用地，既不利于农用地保护目标的实现，也影响了地区之间、城乡之间及利益相关者之间的和谐。健全农用地保护补偿机制强调了对农用地保护者发展机会丧失的补偿，可以让农用地保护者在不开发农用地的情况下，也可以得到农用地应有的价值体现，从而更大地调动农用地保护的积极性，从原来的被动保护，变为积极主动保护。建立健全农用地保护补偿机制，通过对土地资源收益的再分配，加大开发建设的资源成本，从而防止不计成本的经济发展造成对土地资源的过度消耗和造成生态环境代价过大，削弱土地资源对社会经济可持续发展的支撑能力，从而可以促进土地资源的可持续利用。健全农用地保护补偿机制可以促进区域协调发展。通过土地收益在地区间的利益调整和再分配，减少地区间发展对土地指标的不良博弈，防止区域之间对用地指标的恶性竞争，造成资源浪费和区域发展不平衡。

明确农用地保护的补偿主体，对保护农用地者给予补偿，一是保护农用地的地方政府，因保护农用地而放弃了本地区开发建设获取更高经济收益的机会；二是补贴那些进行农用地保护的单个经济主体，为国家提供了粮食安全保障的单个经济主体，激励他们实施农用地保护的积极性。三是对减少破坏农用地者的补偿。对建设过程中尽量避让农用地、提高土地节约集约利用率的行为进行鼓励，在节约集约用地方面要有鼓励机制。节约集约用地要有合理的补偿，建立有利于土地.资源科学配置的利益调节机制，对有利于改善农用地质量的行为进行补贴。

建立健全多元化的补偿方式，一是提高建设占用农用地的农用地占用税和新增建设用地有偿使用费标准；二是提高征地补偿费；三是加大对农用地保护的财政转移支付力度，实施财政纵向补贴和横向补贴；四是建立农用地保护基金，充分吸引社会资金用于农用地保护；五是优惠信贷，加强用于农用地保护的信贷优惠，从金融信贷角度为农用地保护提供更多的资金保障。

8.2.7 土壤污染的预防措施

（1）加强工矿业污染防控

制定涉重产业深入推进结构调整实施方案，加大产业结构和空间布局调整力度。支持电镀、制革、电池企业向园区化、专业化方向发展。涉重产业发展规划必须开展规划环境影响评价，合理确定涉重产业发展规模、速度和空间布局。涉重行业分布集中、发展速度快、布局调整较大、环境问题突出的地区应制定并进一步严格环境准入标准。制定出台重点行业重金属排放“等量置换”“减量置换”实施细则。严防以金属再生回收和资源循环利用为名义新增重金属产能和重金属排放。环境影响评价中未落实重金属排放指标的重点行业重金属排放新改扩建项目和园区建设项目均不得批准，对“等量置换”“减量置换”实施不力造成区域重金属排放量上升的地区人民政府实施区域环境影响限批。严禁在生态红线控制区、生态环境敏感区、人口聚集区新建涉重金属排放项目。

加强日常环境监管。建立土壤环境重点监管企业名单。以农用地优先保护区周边有色金属冶炼、石油加工、化工、焦化、电镀、制革等行业企业为重点，根据工矿企业分布和污染排放情况，结合污染源普查结果，确定土壤环境重点监管企业名单，实行动态更新，并向社会公布。列入名单的企业每年要自行或委托专业检测机构对其用地进行土壤环境监测，结果向所在地生态环境部门备案并向社会公开，对重点监管企业和工业园区周边开展1 次监测，数据及时上传土壤环境信息化管理平台，结果作为环境执法和风险预警的重要依据。环境保护部门要定期开展环境污染专项检查，防止污水、固体废物等无组织排放污染土壤。严禁直接向土壤环境排放工业废水和倾倒、填埋固体废物。

规范企业拆除活动。防止企业拆除活动污染土壤。有色金属冶炼、石油加工、化工、焦化、电镀、制革、危险废物处理等行业企业在拆除生产设施设备、构筑物和污染治理设施活动时，要按照国家关于企业拆除活动污染防治的技术规定，事先制定残留污染物清理和安全处置方案，并报所在地县级环境保护、工业和信息化部门备案；要严格按照有关规定实施安全处理处置，防范拆除活动污染土壤。规范转产、搬迁、关闭企业生产设施设备的拆除活动，防止因不当拆除导致有毒有害物质泄漏、遗撒和扬散污染土壤环境。

全面整治历史遗留尾矿库。对农用地土壤环境保护优先区周围的危库、险库、病库等尾矿库的排查，根据排查情况，制定综合整治方案，通过完善覆膜、压土、排洪、堤坝加固等隐患治理和闭库措施，开展整治工作。针对历史遗留的无主尾矿库和关闭破产企业尾矿库存在的突出问题，积极争取和推动中央财政、地方财政和矿山企业加大资金投入，设立尾矿库整治专项资金，由地方政府负责实施，按危险程度分批次治理，优先治理可能危及农用地土壤环境优先保护区安全的“头顶库”、设计选址规划不符合规程的小型库等，逐步消除隐患；对于有主而无力治理的，由政府回购或政府参股的形式，帮助企业治理。重点监管尾矿库所在企业，进行环境安全隐患排查和风险评估，按规定编制、报备环境应急预案。研究尾矿库安全监管退出机制，对已完成隐患治理且无事故隐患的尾矿库，及时予以闭库注销复垦。

加强矿山土壤辐射环境监管。加强对矿区土壤辐射环境的监管，每年至少开展 1 次土壤辐射环境监测。开发利用过程中产生的尾矿等，应当建造尾矿库进行贮存、处置，建造的尾矿库应当符合放射性污染防治的要求，避免污染土壤和地下水。

加强工业固体废物综合利用，强化钢渣、矿渣、煤矸石、粉煤灰和脱硫石膏等工业固体废物产生、利用、处置和排放各环节监控，制定完善鼓励工业固体废物资源化利用和无害化处置的政策措施，支持工业固体废物综合利用技术，积极开展工业固废资源综合利用企业认定试点工作。开展危险废物、电子废物的产生、转移、贮存、利用和处置情况调查，建立危险废物重点监管单位清单并动态更新。

推进静脉产业园区建设。对电子废物、废轮胎、废塑料、废金属、废橡胶、废纸、废旧机动车、废弃荧光灯管、废弃含汞电池、新能源汽车废旧电池等回收、处理和再生利用活动进行清理整顿。鼓励各地根据“城市矿产”资源情况、产业基础等，围绕废金属、报废机动车、废旧橡胶轮胎等“城市矿产”高值化利用，依托现有产业集聚区、产业园区等，以“区中园”“园中园”形式规划建设“城市矿产”类静脉产业园。集中建设和运营污染治理设施，不得采用可能造成土壤污染的方法或者使用国家禁止使用的有毒有害物质，防止污染土壤和地下水。

（2）农业面源污染防控

①实施化肥零增长行动

推进测土配方施肥。在总结经验的基础上，创新实施方式，加快成果应用，在更大规模和更高层次上推进测土配方施肥。一是拓展实施范围。在巩固基础工作、继续做好粮食作物测土配方施肥的同时，扩大在设施农业及蔬菜、果树、茶叶等经济园艺作物上的应用，基本实现主要农作物测土配方施肥全覆盖。二是强化农企对接。充分调动企业参与测土配方施肥的积极性，筛选一批信誉好、实力强的企业深入开展合作，按照“按方抓药”“中成药”“中草药代煎”“私人医生”等 4 种模式推进配方施肥进村入户到田。三是创新服务机制。积极探索公益性服务与经营性服务结合、政府购买服务的有效模式，支持专业化、社会化服务组织发展，向农民提供统测、统配、统供、统施的“四统一”服务。创新肥料配方制定发布机制，完善测土配方施肥专家咨询系统，利用现代信息技术助力测土配方施肥技术推广。

推进施肥方式转变。充分发挥种粮大户、家庭农场、专业合作社等新型经营主体的示范带头作用，强化技术培训和指导服务，大力推广先进适用技术，促进施肥方式转变。一是推进机械施肥。按照农艺农机融合、基肥追肥统筹的原则，加快施肥机械研发，因地制宜推进化肥机械深施、机械追肥、种肥同播等技术，减少养分挥发和流失。二是推广水肥一体化。结合高效节水灌溉，示范推广滴灌施肥、喷灌施肥等技术，促进水肥一体下地，提高肥料和水资源利用效率。三是推广适期施肥技术。合理确定基肥施用比例，推广因地、因苗、因水、因时分期施肥技术。因地制宜推广小麦、水稻叶面喷施和果树根外施肥技术。

推进新肥料新技术应用。立足农业生产需求，整合科研、教学、推广、企业力量，加大研发投入力度，追踪国际前沿技术，开展联合攻关。一是加强技术研发。组建一批产学研推相结合的研发平台，重点开展农作物高产高效施肥技术研究，速效与缓效、大量与中微量元素、有机与无机、养分形态与功能融合的新产品及装备研发。二是加快新产品推广。示范推广缓释肥料、水溶性肥料、液体肥料、叶面肥、生物肥料、土壤调理剂等高效新型肥料，不断提高肥料利用率，推动肥料产业转型升级。三是集成推广高效施肥技术模式。结合高产创建和绿色增产模式攻关，按照土壤养分状况和作物需肥规律，分区域、分作物制定科学施肥指导手册，集成推广一批高产、高效、生态施肥技术模式。

推进有机肥资源利用。积极探索有机养分资源利用的有效模式，加大支持力度，鼓励引导农民增施有机肥。一是推进有机肥资源化利用。支持规模化养殖企业利用畜禽粪便生产有机肥，推广规模化养殖+沼气+社会化出渣运肥模式，支持农民积极制造农家肥，施用商品有机肥。二是推进秸秆养分还田。推广秸秆粉碎还田、快速腐熟还田、过腹还田等技术，研发具有秸秆粉碎、腐熟剂施用、土壤翻耕、土地平整等功能的复式作业机具，使秸秆取之于田、用之于田。三是因地制宜种植绿肥。充分利用南方冬闲田和果茶园土肥水光热资源，推广种植绿肥。

改进施肥方法，增施硝化抑制剂，防治土壤重金属污染。为防止化肥污染，不要长期过量施用同一种肥料，掌握好施肥时间、次数和用量，采用分层施肥、深施肥等方法减少化肥散失，提高肥料利用率。对于施肥造成的土壤重金属污染，可通过撒施石灰粉、调节氧化还原电位等方法，降低植物对有害物质的吸收，或者利用翻耕、深翻改土等农业措施加以缓解。

②实施农药零增长行动

坚持“预防为主、综合防治”的方针，树立“科学植保、公共植保、绿色植保”的理念，依靠科技进步，依托新型农业经营主体、病虫防治专业化服务组织，集中连片整体推进，大力推广新型农药，提升装备水平，加快转变病虫害防控方式，大力推进绿色防控、统防统治，构建资源节约型、环境友好型病虫害可持续治理技术体系，实现农药减量控害，保障农业生产安全、农产品质量安全和生态环境安全。

构建病虫监测预警体系。按照先进、实用的原则，重点建设一批自动化、智能化田间监测网点，健全病虫监测体系；配备自动虫情测报灯、自动计数性诱捕器、病害智能监测仪等现代监测工具，提升装备水平；完善测报技术标准、数学模型和会商机制，实现数字化监测、网络化传输、模型化预测、可视化预报，提高监测预警的时效性和准确性。

推进科学用药。重点是“药、械、人”三要素协调提升。一是推广高效低毒低残留农药。扩大低毒生物农药补贴项目实施范围，加快高效低毒低残留农药品种的筛选、登记和推广应用。二是推广新型高效植保机械。因地制宜推广自走式喷杆喷雾机、高效常温烟雾机、固定翼飞机、直升机、植保无人机等现代植保机械，采用低容量喷雾、静电喷雾等先进施药技术，提高喷雾对靶性，降低飘移损失，提高农药利用率。三是普及科学用药知识。以新型农业经营主体及病虫防治专业化服务组织为重点，培养一批科学用药技术骨干，辐射带动农民正确选购农药、科学使用农药。

推进绿色防控。加大政府扶持，充分发挥市场机制作用，加快绿色防控推进步伐。一是集成推广一批技术模式。因地制宜集成推广适合不同作物的病虫害绿色防控技术模式，解决技术不配套、不规范的问题，加快绿色防控技术推广应用。二是建设一批绿色防控示范区。三是培养一批技术骨干。以农业企业、农民合作社、基层植保机构为重点，培养一批技术骨干，带动农民科学应用绿色防控技术。此外，大力开展清洁化生产，推进农药包装废物回收利用，减轻农药面源污染，净化乡村环境。

推进统防统治。以扩大服务范围、提高服务质量为重点，大力推进病虫害专业化统防统治。一是提升装备水平。发挥农作物重大病虫害统防统治补助、农机购置补贴及植保工程建设投资的引导作用，装备现代植保机械，扶持发展一批装备精良、服务高效、规模适度的病虫防治专业化服务组织。二是提升技术水平。推进专业化统防统治与绿色防控融合，集成示范综合配套的技术服务模式，逐步实现农作物病虫害全程绿色防控的规模化实施、规范化作业。三是提升服务水平。加强对防治组织的指导服务，及时提供病虫测报信息与防治技术。引导防治组织加强内部管理，规范服务行为。

③减少农膜对土壤的影响

通过合理的农艺措施，增加农膜的重复使用率，相对减少农膜的用量，减轻农膜污染。如“一膜两用”、“一膜多用”、早揭膜、旧膜的重复利用、农业生产组合等成熟的技术已经在农业生产中得到广泛应用，并取得了一定的经济效益和环境效益。大力开展宣传教育，提高各级领导和农民群众对地膜污染危害的长远性、严重性以及恢复困难性的认识，提高回收地膜的自觉性。

大力推广适期揭膜技术。所谓适期揭膜技术是指把作物收获后揭膜改变为收获前揭膜，筛选作物的最佳揭膜期。具体的揭膜时间最好选定为雨后初晴或早晨土壤湿润时揭膜。采取人工和机械回收相结合的措施，加大残留地膜回收力度。除头水前揭膜措施外，还可组织人力和劳力通过手工或耙子回收残留地膜，在翻地、平整土地、播种前及收获后采用地膜回收机回收也能得到较好的效果。加快生态友好型可降解地膜及地膜残留捡拾与加工机械的研发，建立健全可降解地膜评估评价体系。严格规定地膜厚度和拉伸强度，严禁生产和使用厚度 0.01 mm 以下地膜，从源头保证农田残膜可回收。加大旱作农业技术补助资金支持，对加厚地膜使用、回收加工利用给予补贴。

研究开发新材料，寻找农膜替代品。实践证明，研制出易降解，无污染的新材料才能根除地膜污染。目前，使用的地膜都为聚乙烯农膜，化学性质稳定，不易分解和降解，因而造成土壤环境的污染。故应鼓励开发无污染可降解的生物地膜，替代聚乙烯农膜。

（3）减少生活污染

鼓励引导城镇居民自觉开展垃圾分类，制定城镇居民生活垃圾分类指南，有害垃圾单独投放，日常生活垃圾分类投放，建立有利于居民垃圾分类的鼓励机制和收运方式，逐步培养居民分类投放垃圾的习惯。建立村庄保洁制度，建立农村垃圾清运处理机制，形成“户分类、村收集、镇转运、县市处置”的垃圾收集运输处理模式和长效保洁机制，合理设置转运站和服务半径，避免生活垃圾处理中出现二次污染的问题。深化“以奖促治”政策，持续推进“问题村”排查与治理，结合扶贫开发和美丽乡村建设，推进新一轮农村环境连片整治，推动环境基础设施和服务向农村延伸。

规范生活垃圾填埋场。整治非正规垃圾填埋场，合理确定垃圾处置地点和方式，科学设计垃圾填埋场，重点避免渗漏液污染土壤。对新建生活垃圾填埋场，要严格执行《生活垃圾填埋场污染控制标准》（GB 16889—2008），科学开展生活垃圾填埋场选址、设计与施工，配套建设渗滤液处理设施。在用和新建生活垃圾填埋场，严格规范生活垃圾处理设施运行管理，坚决查处渗滤液直排和超标排放行为，完善生活垃圾填埋场防渗漏、防扬散等措施。对封场后的垃圾填埋场，要加强污染控制和监督管理，定期开展监测。

产生建筑垃圾的建设单位、施工单位以及从事建筑垃圾运输和消纳处置的企业取得处置核准后，方可处置建筑垃圾。对未经核准擅自处置或超出核准范围处置建筑垃圾的，应依法予以处罚。完成建筑垃圾消纳场的规划选址和筹建工作。建筑垃圾消纳场应选址合理并符合环境保护要求，消纳场要远离河道、水源、泄洪渠，不得混入生活垃圾，不得向河湖、池塘及排洪沟中倾倒建筑垃圾。向社会发布清运车辆的准入条件，对符合条件的车辆核发建筑垃圾清运许可证；同时启动清运车辆公司化运营模式，建筑垃圾必须由符合条件的运输企业清运。所有运输车辆必须加装密闭设施，实施密闭运输，加装北斗卫星定位系统、行车记录仪等监控系统，对运输车辆进行实时监控。对未按要求运输建筑垃圾的单位从严处罚。

（4）合理利用污水灌溉

污水灌溉水质控制是实现污灌区污染防治的先决条件，必须对污水进行预处理，使污水达到农田灌溉水质标准。为避免输水过程中对沿线土壤和地下水的污染，应采用管道输水，并在管道起点处进行消毒。还可利用低洼地修建各种氧化塘和人工湿地处理污水，使水质达标。

根据污灌水质、土壤类型、作物品种和气候条件的不同，制定污水灌溉的管理办法。根据土壤水分动态、土壤污染降解能力、作物耗水需肥量、污染物在作物中的残留规律以及防渗要求，建立污水灌溉制度。污水灌溉对作物中有害元素残留的影响一般是后期，按照作物生育特性和需水、需肥临界期，确定污水灌溉时期。一般作物在幼苗期与花穗期均不能进行污灌。

8.2.8 加强舆论引导推进公众参与

充分利用报纸、广播、电视、新媒体等途径，加强农业面源污染防治的科学普及、舆论宣传和技术推广，让社会公众尤其是农民群众认清农业面源污染的来源、本质和危害。大力宣传农业面源污染防治工作的意义，推广普及化害为利、变废为宝的清洁生产技术和污染防治措施，让广大群众理解、支持、参与到农业面源污染防治工作中。

建立完善农业资源环境信息系统和数据发布平台，推动环境信息公开，及时回应社会关切的热点问题，畅通公众表达及诉求渠道，充分保障和发挥社会公众的环境知情权和监督作用。深入开展生态文明教育培训，切实提高农民节约资源、保护环境的自觉性和主动性，为推进农业面源污染防治的公众参与创造良好的社会环境。